Céline Philippe
Texte und Fotos

NATÜRLICH FÄRBEN

Von der Farbe bis zum Fixierer: Handfärben ohne Chemie

stiebner

INHALT

EINLEITUNG

Meine Liebe zu den Pflanzen hat mich auf den Weg der Pflanzenfarben geführt, auf dem ich immer wieder ins Staunen gerate – über die Intelligenz der Natur, ihre Erfindungsgabe, ihre Vielfalt und ihre besonderen Kräfte.

Zuerst interessierten mich die geschmacklichen Eigenschaften und die Heilwirkungen von Pflanzen, insbesondere die der im Mittelalter als »einfache Pflanzen« (herbae simplices) bezeichneten Heilpflanzen, die man traditionell zu Ernährungs- und Heilzwecken im Garten hatte. Und ich stellte fest, dass häufig genau die Pflanzen, die in der Küche und der Heilkunde eine Rolle spielten, auch gut zum Färben waren. Angesichts dieses Einfallsreichtums der Natur kann der Mensch nur demütig werden.

Nachdem ich mich also mit meiner Ernährung und meiner Medizin beschäftigt hatte, war es nur logisch, dass ich mich auch für meine Bekleidung interessierte, und zwar vor allem für die Farben in unseren Textilien.

Schließlich ist bekannt, dass die Textilindustrie nach der Landwirtschaft zu den größten Umweltverschmutzern der Welt gehört. Dies gilt insbesondere für die Färberei.

Immer mehr Hersteller von Textilien verschreiben sich nachhaltigen Standards mit transparenten Lieferketten (Rückverfolgbarkeit der Produkte, umwelt- und sozialverträgliche Produktion). Innerhalb der aufstrebenden Slow-Fashion-Bewegung entstehen nach und nach Labels für nachhaltige Mode und Textilien. Im Fokus stehen dabei die Umwelt, die Herkunft der Textilfasern, ihre Herstellungsweise und ihr CO_2-Fußabdruck.

Die industrielle Textilfärberei ist heute im Wandel begriffen: In Frankreich und anderen Ländern arbeiten Start-ups an der Entwicklung von Verfahren zum Färben mit Naturfarben, die im Gegensatz zu den marktbeherrschenden synthetischen Farben nicht aus Erdöl hergestellt werden. Der Aufstieg der sogenannten Grünen Chemie führt mit Sicherheit dazu, dass die Modeindustrie eines Tages behaupten kann, umweltfreundliche Textilfarben zu verwenden. Das wäre eine echte Revolution, denn bisher sind Naturfarben ein Nischenprodukt, das nur in handwerklich gefertigten Textilien verwendet wird.

Würde diese Revolution zugleich den Niedergang der kunsthandwerklichen Pflanzenfärberei bedeuten? Ich glaube nicht. Im großen Stil Farben zu produzieren, die immer gleich ausfallen, ist etwas ganz anderes als die Herstellung eigener Farben aus selbst gesammelten oder in einer Gärtnerei ausgewählten Pflanzen. Das befriedigende Gefühl, etwas mit den eigenen Händen zu erschaffen und bewusst mit natürlichen Materialien zu arbeiten, stillt bei vielen von uns ein essenzielles Bedürfnis. Eigenes Gemüse anzubauen, seine Kleidung, Putzmittel, Kosmetik und andere Produkte selbst herzustellen, bedeutet in unserer Zeit eine notwendige Rückbesinnung auf vergessene Techniken, und es bedeutet auch, im Einklang mit der uns umgebenden Tier- und Pflanzenwelt zu leben und diese zu bewahren. Daher setze ich mich für die (Wieder-)Entdeckung des althergebrachten Wissens ein, das Farbe in die vergangenen Jahrhunderte gebracht hat.

Zu allen Zeiten haben die Menschen Farben aus den sie umgebenden Materialien hergestellt, in erster Linie aus Pflanzen.

Aufgrund meiner Begeisterung für die Pflanzen begann ich also, mich für die Verfahren der Pflanzenfärberei zu interessieren, wie sie jahrhundertelang praktiziert wurden.

Die Geschichte des Färbens mit Naturfarben auf der ganzen Welt hat die französische Wissenschaftlerin Dominique Cardon erforscht und in ihren Büchern beschrieben (Le monde des teintures naturelles; englischer Titel Natural Dyes).

Schon bald stellte ich fest, dass das Beizen ein Problem darstellt, wenn man umweltfreundlich und nachhaltig färben möchte. Das Beizen ist der erste Schritt beim Färben und ist entscheidend, um die Fasern auf das Färben vorzubereiten: Die Beize ermöglicht eine feste Verbindung zwischen dem Pflanzenfarbstoff und der Faser, sodass diese die Farbe annimmt. Anders ausgedrückt, durch das Beizen wird die Farbe haltbar gemacht; die Beize ist sozusagen der Fixierer. Für diese fixierende Funktion werden meist Sulfate (Salze) verschiedener Metalle eingesetzt. Früher verwendeten Färber traditionell Aluminium-, Kupfer- oder Eisensulfat, aber auch Chrom-, Zinn- und Bleisulfat. Zum Schutz von Umwelt und Gesundheit verzichtet man heute auf die Schwermetalle (Zinn, Blei, Chrom).

Doch was ist mit Aluminium, das häufig zum Pflanzenfärben verwendet wird? Aluminium kann in verschiedenen Formen zum Beizen verwendet werden: in Form von Alaun (Kaliumaluminiumsulfat), Aluminiumsulfaten, Aluminiumacetaten (etwa essigsaure Tonerde) oder AL Kaltbeize. Alaun kann natürlich gewonnen oder synthetisch hergestellt werden und ist als weißes Pulver erhältlich. Die zur Herstellung der Beizmittel benötigten Aluminiumsalze werden häufig aus Bauxit gewonnen, dessen Abbau in Steinbrüchen vor allem in Ländern des globalen Südens katastrophale Folgen für die Umwelt und die lokale Bevölkerung hat. Überdies sind Alumniumsalze aufgrund ihrer potenziell gesundheitsschädlichen Wirkung umstritten.

Die Verwendung aluminiumhaltiger Beizmittel habe ich rasch ausgeschlossen. Abgesehen von den Gefahren für Umwelt und Gesundheit haben mich all die Vorsichtsmaßnahmen bei der Anwendung wie das Tragen von Handschuhen oder einer Atemschutzmaske abgeschreckt, ganz zu schweigen von der Frage, wie man die Beizflotte entsorgt, ohne die Umwelt zu verschmutzen.

Als ich begann, mich mit dem Thema zu befassen, dachte ich ganz naiv, dass zum Färben mit Pflanzen nichts anderes als Pflanzen verwendet werden. Da ich genau das wollte, nämlich ausschließlich mit Pflanzen arbeiten, habe ich mich nach Alternativen zu den gängigen Beizmitteln umgesehen.

Da wären zunächst all die Pflanzen, mit denen man färben kann, ohne dass eine Beize benötigt wird. In der Färbersprache spricht man hier von substantiven Farbstoffen (Direktfarbstoffen) im Gegensatz zu additiven Farbstoffen (Beizenfarbstoffen). Zu Ersteren gehören die Farbstoffe aus Zwiebelschalen, Avocado oder Kurkuma, um die bekanntesten zu nennen.

Des Weiteren gibt es die indigohaltigen Pflanzen. Mit der Indigopflanze, die unter den Färberpflanzen eine Sonderrolle einnimmt, ist eine Direktfärbung ohne Beize möglich.

Bei den übrigen Pflanzen und Farbtönen ist jedoch das Beizen unumgänglich. Wenn Alaun- oder andere Aluminiumbeizen ausscheiden, verwendet man zum Beizen verschiedene Pflanzen. Auch in der Vergangenheit hatten die Färber je nachdem, wann und wo sie lebten, nicht immer Alaun zur Verfügung. Das hat sie jedoch nicht daran gehindert, mit verschiedenen Farbstoffen zu färben, die sie aus Pflanzen in ihrer Umgebung gewannen. Sie kannten die Pflanzen und wussten genau, welche die alchemistische Eigenschaft besaßen, den Farbstoff an die Faser zu binden.

Dies ist bei Pflanzen der Fall, die von Natur aus reich an Aluminium oder Oxalsäure sind, doch auch bei gerbstoffhaltigen Pflanzen. Mit solchen traditionell als Beizmittel bewährten

Pflanzen habe ich also experimentiert. In meiner Begeisterung habe ich mich auch auf andere Pfade begeben und mit Pflanzen gearbeitet, die einfacher erhältlich sind. Bis ich den Umgang mit den Beizpflanzen beherrschte, musste ich viel lesen, forschen und experimentieren. Um ihre Wirksamkeit zu beurteilen, habe ich sie zuerst in Verbindung mit klassischen Färberpflanzen verwendet, die für ihre gute Färbekraft bekannt sind. Anschließend habe ich meine Experimente ausgeweitet und die pflanzlichen Beizen auch zum Färben mit heimischen Kultur- oder Wildpflanzen benutzt, die zum Färben interessante Eigenschaften besitzen.

Arbeitet man ausschließlich mit Pflanzen, dauert der gesamte Prozess des Färbens länger und ist anspruchsvoller.

Genau wie im Garten muss man alles genau beobachten, um zu verstehen, was vor sich geht. Man muss ganz gezielt vorgehen, sich jedoch auch Zeit nehmen und den Pflanzen Zeit lassen, ihre Farbstoffe freizusetzen. Das ist eine wunderbare Erfahrung für alle Sinne: Man nimmt den Duft der Farbbäder wahr, fasst die Naturfasern an und beobachtet, wie die Fasern allmählich die Farbe annehmen.

Ich liebe diese schöpferische Tätigkeit und das Beobachten der Entstehung einer Pflanzenfarbe. Und da die Natur grundsätzlich großzügig ist, besteht eine Pflanzenfarbe nicht nur aus einem, sondern aus vielen Farbstoffen, sodass satte und tiefe Farben entstehen.

Pflanzenfarben herzustellen, ist auch eine Möglichkeit, sich mit der Natur und ihrer Biodiversität zu verbinden. Wenn Sie die verborgenen Farbkräfte der Pflanzen kennen, richten Sie ein besonderes Augenmerk auf Unkraut, Wildpflanzen und organische Abfälle. Diese Pflanzen werden für Sie zu »Nutzpflanzen«, die es zu bewahren und zu schützen gilt, wie einen geheimen Schatz.

Ich hoffe, dass Sie nach der Lektüre dieses Buches so manche Wildpflanze, die zu Unrecht missachtet wird, mit ganz anderen Augen betrachten.

Ausschließlich mit Pflanzen zu färben, ist zweifellos auch Ausdruck einer Lebensphilosophie, die alles Lebendige und die Biodiversität der Natur respektiert.

Wir leben heute in einer hochkomplexen und im Wandel begriffenen Welt, deren bisherige Paradigmen sich nicht länger halten lassen, da sie unsere natürliche Umwelt zerstören. Selbst wenn wir anders handeln möchten, ist es unter den gegebenen Bedingungen oft schwierig, nicht in Widersprüchen gefangen zu sein … Doch wenn ich ganz natürlich färbe, bin ich im Einklang mit mir selbst. Ich hoffe, dass dieses Buch Ihnen ebenfalls diese Erfahrung ermöglicht.

TEIL 1

VOR BEGINN: DIE GRUNDLAGEN

DAS ROHMATERIAL

Zum Färben geeignete Fasern

Wer sich für Pflanzenfarben interessiert, hat in der Regel auch eine Vorliebe für natürliche Materialien. In dieser Hinsicht ist mein Projekt des Färbens mit Pflanzen konsequent: Sowohl die Fasern als auch die Farbstoffe sind natürlichen Ursprungs.

Sämtliche Naturmaterialien lassen sich mit Pflanzen färben: Holz, Weidenruten, Papier, Leder und alle Naturfasern (tierische und pflanzliche). Ich stelle Ihnen vor, welche Erfahrungen ich mit den verschiedensten Naturfasern in Form von Garn und gewebtem oder gestricktem Stoff gemacht habe.

Unterscheidung der Fasern nach ihrem Ursprung: Auswahl ökologischer Naturfasern

1 · Die Fasern tierischen Ursprungs sind Wolle und Seide

· **Wolle** wird aus dem Fell oder den Haaren von Tieren wie Schafen, Alpakas, Mohairziegen, Angorakaninchen, Kamelen oder Yaks gewonnen. In Europa erlebt die Wollbranche gerade eine ganz neue Wertschätzung und eine Entwicklung hin zu mehr Nachhaltigkeit und der Bewahrung althergebrachter Techniken. Besuchen Sie einmal einige der zahlreichen Wollmärkte, die das ganze Jahr über stattfinden – dort können Sie wunderschöne regionale Wolle finden.

· **Seide** wird aus den Kokons der Seidenspinnerraupe – gemeinhin Seidenraupe genannt – gewonnen. Diese aus China stammende Schmetterlingsart wird seit Jahrhunderten für die Seidenherstellung gezüchtet. *Bombyx mori*, die vollständig domestizierte Art des Seidenspinners, ist ohne Eingreifen des Menschen gar nicht mehr lebensfähig. Sie ist unfähig, sich selbst zu ernähren oder zu fliegen und kommt daher wild nicht mehr vor.

Da diese Fasern »auf dem Rücken« der Tiere hergestellt werden, muss man sie besonders sorgfältig auswählen.

Achten Sie bei Wolle auf die Herkunft (artgerechte Haltung ohne Mulesing) und die Bedingungen bei der Schur.
Bei Seide wählen Sie die sogenannte »gewaltfreie Seide« (Peace Silk, Ahimsa-Seide), bei der die Puppen überleben – anders als bei der althergebrachten Methode, bei der sie in ihrem Kokon lebendig verbrüht werden.

2 · Pflanzliche Naturfasern sind Baumwolle, Leinen (Flachs), Hanf und Ramie

Achten Sie bei der Auswahl dieser aus Pflanzen gewonnenen Fasern auf die Anbauweise und die Herstellungsmethoden.

· Die in den südlichen Ländern angebaute **Baumwolle** hat einen hohen Wasserbedarf und wird oft stark mit Pestiziden behandelt. Baumwolle aus kontrolliert biologischem Anbau ist daher zu bevorzugen.

· **Leinen** dagegen hat den großen Vorteil, dass es regional angebaut wird. Frankreich ist sogar der größte Leinenproduzent der Welt. Flachskulturen benötigen keine Bewässerung und wenig Hilfsstoffe.

· Wie Leinen hat auch **Hanf** einen geringen Wasserbedarf und kann regional angebaut werden. Aus ökologischer Sicht hat er weitere Vorzüge: Er wächst rasch und benötigt weder Dünger noch Pestizide. Auch bei der Bodenregeneration spielt er eine bedeutende Rolle, da er – im Gegensatz zu Flachs – CO_2 im Boden bindet.

· Die **Ramie oder Chinanessel** wächst im Prinzip in Ländern mit tropischem Klima. Sie benötigt Wärme und Feuchtigkeit; Trockenheit verträgt sie schlecht. China ist der größte Produzent von Ramie; es ist eines der wenigen Länder, die den komplizierten Herstellungsprozess beherrschen.

Ob tierische oder pflanzliche Fasern, ich rate Ihnen, darauf zu achten, dass die Fasern möglichst wenig behandelt wurden (Superwash-Ausrüstung von Wolle, Bleichen von Baumwolle, Leinen oder Hanf). So bleibt die Auswahl der Fasern im Einklang mit Ihrer Philosophie, die Schätze der Natur ganz unverfälscht zu verwenden.

Pflanzenfärben: Unterschiede je nach Fasertyp

Beim Pflanzenfärben unterscheidet man generell zwischen tierischen und pflanzlichen Naturfasern, da die Vorgehensweise nicht identisch ist.

Tierische Fasern bestehen – wie Haare und Nägel – größtenteils aus Eiweiß und eignen sich daher sehr gut zum Pflanzenfärben. Man erhält problemlos leuchtende, satte Farben, und das Vorbereiten der Fasern zum Färben ist relativ einfach. Beim Färbevorgang selbst gilt es jedoch einiges zu beachten, damit die Fasern nicht beschädigt werden.

Wolle wird heiß gefärbt. Die Hitze öffnet die Schuppen der Faser, sodass diese die Farbe annehmen kann. Wolle verträgt ohne Weiteres hohe Temperaturen und kann sogar gekocht werden. Was sie hingegen nicht mag, sind abrupte Temperaturwechsel von heiß zu kalt – dabei läuft sie ein und verfilzt. Dies muss man während des gesamten Färbevorgangs berücksichtigen. Auch bei eventuellem Ausspülen müssen Sie stets die Wassertemperatur kontrollieren: Sie muss unbedingt ähnlich der des Farbbads sein.

Ebenso wenig verträgt Wolle ein zu alkalisches (basisches) Farbbad. Bei einem pH-Wert über 9 – bei sehr empfindlichen Fasern noch darunter – kann sie ebenfalls verfilzen.

Damit die Wolle schön weich bleibt, verwende ich beim Färben kein Eisen, da es die Wolle angreifen und spröde machen kann.

- **Seide** wiederum wird in der Regel kalt oder lauwarm gefärbt, da sie sonst ihren Glanz verliert.

All diese Vorsichtsmaßnahmen sind bei Pflanzenfasern nicht notwendig: Diese sind robust, vertragen sowohl Temperaturwechsel als auch Schwankungen des pH-Wertes und werden auch durch Eisen nicht angegriffen. Sie sind also wesentlich unkomplizierter.

Die Kehrseite der Medaille ist allerdings, dass die nahezu vollständig aus Zellulose bestehenden Pflanzenfasern die Farbe nicht so gut annehmen.

Das Färben dieser Fasern erfordert daher eine längere und aufwendigere Vorbereitung, damit die Farbe dauerhaft an den Fasern fixiert wird. Die erzielten Farbtöne sind dennoch blasser und weniger leuchtend als bei Wolle und Seide.

Für alle Faserarten gilt, dass ihre Qualität und die Art und Weise ihrer Herstellung sich auf das Färbeergebnis auswirken.

Wenn wir mit dem Pflanzenfärben beginnen, kommt uns oft die Idee, zunächst alte Haushaltswäsche zu färben. Diese Stoffe, die schon lange in Gebrauch waren, können uns schöne Überraschungen bescheren. Dennoch behalten sie ihre Gebrauchsspuren: Flecken verschwinden durch das Pflanzenfärben nicht, sondern können sogar noch deutlicher hervortreten.

Stoffe oder Garne mit unbekannter Zusammensetzung: Natur- oder Kunstfaser, tierisch oder pflanzlich

Wie kann man die Zusammensetzung herausfinden?

Dazu macht man eine sogenannte Brennprobe.

Halten Sie ein kleines Stück des Stoffs oder Garns an eine Flamme und beobachten Sie, was geschieht:

- Es brennt langsam mit einem Geruch nach verbranntem Haar oder Horn, die Flamme erlöscht von selbst und es verbleibt ein perlenartiger, verkohlter Ascherückstand: tierische Faser (Wolle oder Seide);
- es brennt rasch und ohne besonderen Geruch; es verbleibt nur wenig Asche: pflanzliche Faser (Leinen, Baumwolle, Hanf …);
- es brennt rasch und es verbleibt eine schwarze, harte Perle wie von verbranntem Plastik: Kunstfaser.

	Vorteile	Nachteile
Pflanzenfasern	Unempfindlich: • gegenüber Temperaturschwankungen • gegenüber höheren basischen pH-Werten • gegenüber Eisen	• weniger leuchtende, eher matte Farben • höherer Zeitaufwand zur Vorbereitung und zum Beizen der Fasern
Tierische Fasern	• geringerer Zeitaufwand zur Vorbereitung und zum Beizen der Fasern • kräftigere, leuchtendere Farben	Vorsichtsmaßnahmen beim Färben:: • abrupte Temperaturwechsel von heiß zu kalt vermeiden • vertragen keine höheren basischen pH-Werte

Die Pflanzen

Bei meiner Methode, ausschließlich mit Pflanzen zu färben, unterscheide ich zwischen den Beizpflanzen und den Färberpflanzen.

Erstere werden vorrangig zum Beizen verwendet, Letztere für die Farbbäder.

Diese Unterscheidung ist allerdings rein theoretisch. Die meisten Pflanzen können mehrere Funktionen erfüllen. Manche eignen sich aufgrund ihrer speziellen chemischen Zusammensetzung sowohl zum Färben als auch zum »Fixieren« der Farbe.

Die Unterscheidung dient daher lediglich zu einer groben Einteilung für eine methodischere Vorgehensweise.

Beizpflanzen

Wie bereits in der Einleitung gesagt, dienen zum Beizen vor allem Metallionen, deren Funktion es ist, den Farbstoff mit der Naturfaser zu verbinden.

Das zum Pflanzenfärben meistverwendete Metall ist Aluminium, das am häufigsten vorkommende Metall in der Erdkruste. Einer der Gründe für seine Beliebtheit ist, dass es im Gegensatz zu Kupfer oder Eisen die Farbtöne nicht beeinflusst.

Seit dem Mittelalter wird aus Aluminium Alaun hergestellt und zum Beizen verwendet. Die Herstellungsweise hat sich mit der Zeit verändert: Statt des früheren traditionellen Alaunsteins verwendet man heute zum Beizen und den verschiedensten anderen Zwecken Aluminiumsulfat.

Allerdings stand Alaun nicht immer und überall zur Verfügung, sei es aus geografischen oder aus finanziellen Gründen. Dies hinderte die Menschen jedoch nicht daran, Naturfarben aus heimischen Pflanzen herzustellen.

1 • Aluminiumhaltige Pflanzen

Über ihre Wurzeln nehmen Pflanzen eine bestimmte Menge an Mikronährstoffen auf, die sie für ihren Stoffwechsel benötigen. Die im Boden verfügbaren Metallionen können zugleich mit dem Wasser von den Wurzeln absorbiert und durch die Pflanzensäfte zu den Speicherorganen, also den Blättern (bei Bäumen zur Rinde) transportiert werden.

Pflanzen, die bedeutende Mengen von Metallionen (etwa Al-Ionen; Al = Aluminium) aufnehmen und speichern können, nennt man Akkumulatorpflanzen oder Hyperakkumulatoren.

Bestimmte Bedingungen, insbesondere das Klima und der Boden, beeinflussen die Fähigkeit der Pflanze, Al- oder andere Metallionen aufzunehmen. Je geringer vor allem der pH-Wert des Bodens ist, desto höher ist die Verfügbarkeit des Aluminiums im Boden, desto leichter kann es also von den Hyperakkumulatoren absorbiert werden.

In früheren Zeiten – und in anderen Breitengraden noch heute – machten sich die Färber dieses pflanzliche »Alaun« zunutze und verwendeten es anstelle des mineralischen Alauns.

Die Gemeinsamkeit dieser beiden Beizmittel – das eine mineralischen, das andere pflanzlichen Ursprungs – ist das Al-Ion – doch das ist auch schon alles. In ihrer Molekularstruktur unterscheiden sich beide deutlich, und diese Unterschiede spiegeln sich auch in den Farbtönen: Je nachdem, ob Sie mineralisches oder pflanzliches »Alaun« verwenden, fallen diese verschieden aus.

Die meisten als Hyperakkumulatoren von Aluminium bekannten Pflanzen stammen aus tropischen und subtropischen Klimazonen.

Die bekanntesten unter ihnen gehören zur Gattung *Symplocos*. Es sind Bäume und Sträucher, die in den tropischen bis gemäßigten Zonen Asiens (etwa Indien, Japan) wachsen.

Verschiedene Sträucher aus der Familie der *Melastomataceae*, die aus den pazifischen Regionen und Mittelamerika stammen, werden aufgrund derselben Eigenschaften ebenfalls in der Färberei verwendet.

In Europa verwendete man in Schottland und Deutschland als pflanzliche Beizmittel bestimmte Bärlappgewächse, krautige Pflanzen, die moosähnliche Teppiche bilden. Da ihr Lebensraum Torfmoore und Feuchtgebiete sind, gelten sie als vom Aussterben bedroht. Sie zu sammeln, um sie zum Beizen zu verwenden, wäre daher alles andere als ökologisch.

Es erscheint mir stimmiger und umweltbewusster, hier auf Symplocos zurückzugreifen. Genau wie einige unserer Gewürze oder wie Schokolade und Tee, auf die wir schwer verzichten können, kommt Symplocos-Pulver zwar von weither, doch seine CO_2-Bilanz wird verbessert, wenn die Ernte nachhaltig erfolgt, also die Umwelt geschützt und die Bäume erhalten werden. Außerdem werden durch den Kauf einheimische traditionelle Produzenten unterstützt, und die Ökobilanz ist eher positiv.

Hortensien und Kamelien (siehe Foto Seite 14) sind regionalere und einfacher erhältliche Pflanzen, die in ihren Blättern ebenfalls – wenn auch in geringerem Maße – Aluminium aus dem Boden speichern können, vorausgesetzt dieser ist sauer und aluminiumreich. Die blaue Farbe der Hortensien ist dafür ein guter Indikator.

Auch die Teepflanze (*Camellia sinensis*) reichert Aluminium (Al) aus dem Boden an und ist unter den Lebensmitteln eine der bedeutendsten Aluminiumquellen.

Zahlreiche wissenschaftliche Studien haben sich mit den Aluminiumkonzentrationen in Tee befasst. Die Ergebnisse zeigen, dass der Gesamtgehalt an Metallen in den Teeblättern je nach Teesorte variiert. Er wird durch verschiedene Faktoren beeinflusst, etwa die Bodenbeschaffenheit und -zusammensetzung sowie die Reifezeit der Blätter.

Tee zu trinken, gilt nach diesen Studien jedoch nicht als gesundheitsgefährdend. Die Blätter nach dem Aufguss aufzubewahren, könnte für das Färben interessant sein. Darauf komme ich noch zurück.

2 • Pflanzen mit hohem Gehalt an Eisen und anderen Spurenelementen

Es gibt keine im engeren Sinne eisenanreichernden Pflanzen, lediglich Pflanzen, die von Natur aus einen hohen Eisengehalt besitzen. Aus dem Boden nehmen die Pflanzen nur so viel Eisen auf, wie sie für ihren Stoffwechsel benötigen.

In Lateinamerika werden traditionell die Wurzeln von Ampfer (*Rumex*) zum Beizen von Wolle verwendet. Dies erklärt sich durch deren hohen Eisengehalt.

Eisen – auch pflanzlichen Ursprungs – verändert die Farbtöne erheblich, sie werden deutlich dunkler und intensiver. Dies sollte man bei seiner Verwendung zum Färben berücksichtigen.

Pflanzen mit hohem natürlichem Eisengehalt sind in der Regel auch reich an Gerbstoffen, die für das Färben ebenfalls eine bedeutende Rolle spielen (siehe rechts). Auch mit anderen problemlos erhältlichen Pflanzen, die reich an Spurenelementen sind (etwa Brennnesseln oder verschiedene Gewürzpflanzen), könnte man experimentieren, um zu erforschen und zu beurteilen, inwieweit sie sich zum Beizen beim Pflanzenfärben eignen.

Einige Experimente habe ich bereits gemacht und berichte darüber im Praxisteil dieses Buches.

3 • Gerbstoffreiche Pflanzen

Gerbstoffe sind in der Pflanzenwelt allgegenwärtig. Es gibt eine Vielzahl pflanzlicher (vegetabiler) Gerbstoffe (Tannine) die sich in ihrer Molekülgröße und ihrer chemischen Struktur unterscheiden. Sie werden in den Vakuolen im Inneren von Pflanzenzellen und in den Zellwänden gespeichert und können bei Blättern 15–25 %, bei Rinde 40 % und in manchen Galläpfeln 50 % des Gewichts ausmachen.

Diese chemischen Verbindungen aus der Familie der Polyphenole werden von den Pflanzen (Bäume, Blütenpflanzen etc.) zur Abwehr gegen pathogene Erreger und Fraßfeinde eingesetzt. Ihre stark adstringierende Wirkung hält Tiere davon ab, die betreffende Pflanze zu fressen.

Das Holz, die Rinde sowie die Galläpfel von Bäumen enthalten in der Regel die höchsten Gerbstoffkonzentrationen, zum Beispiel bei Eichen, Kastanien, Akazien, Erlen, Pistazien, Perückensträuchern (Färbersumach) und Färberbäumen.

Auch manche Früchte sind interessant, etwa Taraschoten oder Granatapfelschalen.

Gerbstoffe sind schon seit Urzeiten bekannt. Im Mittelalter wurden sie in erster Linie zur Herstellung von Leder verwendet: Sie wurden aus Eichen- oder Kastanienrinde extrahiert und in speziellen Mühlen zu einem Pulver gemahlen, das unter der Bezeichnung *tan* (französisch für Gerberlohe; daher der Begriff »Tannine«) in den Handel gebracht wurde. Die Tierhäute wurden in sogenannten Gerbergruben mindestens ein Jahr lang in Lohbrühe eingeweicht, bevor sie weiterverarbeitet wurden. Die Gerbstoffe gehen eine feste und irreversible Verbindung mit der Haut ein, und die fertig gegerbte Haut wird dadurch konserviert, vor Zersetzung und Schimmel geschützt und außerdem strapazierfähig und geschmeidig.

Nach ihrem chemischen Aufbau werden Gerbstoffe in zwei Gruppen unterteilt; die Unterscheidung ist auch für das Pflanzenfärben interessant.

Die erste Gruppe sind die hydrolisierbaren Gerbstoffe, zu denen die Gallotannine und die Ellagitannine gehören. In der Pflanzenfärberei dienen diese Gerbstoffe hauptsächlich zur Vorbereitung der pflanzlichen Fasern. Aufgrund ihrer Molekularstruktur ermöglichen sie das Andocken der Farbstoffe, sodass diese besser an der Faser haften. In der Regel sind sie selbst nur schwach gefärbt und verändern daher die erhaltenen Farbtöne nur geringfügig.

Die zweite Gruppe sind die kondensierten Gerbstoffe. Hinsichtlich der Vorbereitung der Fasern haben sie die gleichen Eigenschaften wie die hydrolisierbaren Gerbstoffe. Aufgrund ihrer komplexeren chemischen Zusammensetzung werden sie auch Proanthocyanidine genannt. Sie gehören zu den Flavonoiden und können als Farbstoffe dienen. Dies ist zum Beispiel bei Katechu (auch Catechu) der Fall: Mit dem sehr gerbstoffreichen Farbstoff der Gerber-Akazie wurden früher Segel rot gefärbt. Durch die Gerbstoffe wurden diese beim Färben zugleich imprägniert.

Aufgrund ihrer chemischen Eigenschaften sind die Gerbstoffe also eine große Hilfe beim Färben, zum einen, da durch sie die Farbe besser haftet, zum anderen, da sie selbst Farbstoffe liefern. Daher nenne ich sie hier und im Folgenden vereinfachend »farbige Gerbstoffe«.

Darüber hinaus reagieren alle Gerbstoffe mit Eisen, wodurch graue und schwarze Farbtöne entstehen. Galläpfel und Eisensulfat sind die Hauptzutaten zur Herstellung schwarzer Tinte (Eisengallustinte). Diese chemische Reaktion zwischen vegetabilen Gerbstoffen und Eisen ist sehr nützlich, um gerbstoffreiche Pflanzen in Ihrer Umgebung zu identifizieren (siehe Kasten).

Nicht zuletzt scheinen Gerbstoffe auch die Lichtechtheit von Pflanzenfärbungen deutlich zu verbessern.

Kurzum, Gerbstoffe sind in der Pflanzenfärberei praktisch unverzichtbar.

IDENTIFIZIEREN GERBSTOFFREICHER PFLANZEN

1	Blätter von Bäumen, Kräutern und Wildpflanzen sammeln.
2	Die noch frischen Pflanzenteile einzeln flach auf ein Stück ungefärbten Baumwoll- oder Leinenstoff legen. Die Oberseite der Blätter liegt oben, die Unterseite mit den Blattrippen zeigt zum Stoff.
3	Die Blätter mit Klebeband (zum Beispiel Malerkrepp) am Stoff fixieren.
4	Den Stoff umgedreht auf eine flache, feste und stabile Unterlage legen, etwa auf ein Schneidbrett.
5	Mit einem Gummihammer gründlich auf die Blätter schlagen, bis ihr Abdruck auf dem Stoff erscheint.
6	Den Stoff wenden und das Klebeband entfernen.
7	Die Reste der Pflanzen vorsichtig entfernen.
8	Ein Gefäß, in das der Stoff flach hineinpasst, mit Wasser füllen und 5 ml Eisenessig (siehe Rezept Seite 58) oder einen Teelöffel in etwas warmem Wasser aufgelöstes Eisensulfat hinzufügen.
9	Gut umrühren, dann den Stoff flach ausgebreitet auf den Boden des Gefäßes legen. Die grünen Abdrücke färben sich schwarz. Dies ist der Nachweis für vorhandene Gerbstoffe.

Mithilfe dieses Verfahrens können Sie sich ein Herbarium gerbstoffreicher Pflanzen anlegen. Nach dem Waschen des Stoffes sind die Farben der gerbstoffhaltigen Pflanzenabdrücke sehr beständig.

4 • Oxalsäurereiche Pflanzen

Industriell hergestellte Oxalsäure wird traditionell zum Färben von Wolle verwendet. Sie hat eine besondere Affinität zu Proteinen.

Oxalsäure ist eine organische Säure, die in Form ihrer Salze (Oxalate) in vielen Pflanzen vorkommt. Daher hat

mich natürlich interessiert, welche Pflanzen besonders oxalsäurereich sind und sich zum Beizen tierischer Fasern eignen könnten.

Rhabarberblätter sind für ihren hohen Oxalsäuregehalt bekannt. Das Gleiche gilt für die Blätter von Ampfer, Knöterich und Roter Bete. All diese Pflanzen können als Beizmittel zum Färben von Wolle und Seide verwendet werden.

Diese kurze Übersicht über die Beizpflanzen ist sicherlich nicht umfassend. In Bezug auf biologische und pflanzliche Beizmittel gibt es noch vieles zu lernen und zu entdecken!

Bei einer solchen Einteilung von Pflanzen nach ihren Eigenschaften darf man nie vergessen, dass eine Pflanze selten nur einen einzigen Wirkstoff enthält. Manche Pflanzen vereinen zahlreiche Vorzüge in sich und sind daher sehr vielseitig. In den Rezepten zum Pflanzenfärben können sie zum Beispiel zugleich als Beizmittel und als Färberpflanze Verwendung finden.

Färberpflanzen

Es gibt eine Vielzahl von Pflanzen, die Farbstoffe enthalten. Deren Konzentration kann je nach Art, Standort und Klima ganz unterschiedlich sein.

In Gegensatz zu synthetischen Farben sind Pflanzenfarben sehr nuancenreich. Eine Pflanze kann zwischen zehn und zwanzig verschiedene Farbstoffmoleküle enthalten, synthetische Farben hingegen nur sieben.

Diese Vielfalt der Pflanzenfarbstoffe ermöglicht es, mit einzelnen Nuancen zu spielen. Ihre breite Farbpalette kann durch verschiedene Färbemethoden noch erweitert werden. Diese Entdeckung immer neuer Nuancen der Pflanzenfarben ist faszinierend und leitet mich in meiner Färberpraxis. Mir ist es weniger wichtig, eine bestimmte Farbe zu erzielen, vielmehr möchte ich die Farbpalette erkunden, die eine Pflanze bietet.

Aus biochemischer Sicht sind Pflanzenfarbstoffe organische Moleküle, die verschiedenen Stoffgruppen zugeordnet werden. Diese Gruppen korrespondieren in der Regel mit einem bestimmten Farbspektrum.

1 • Flavonoide: (nicht nur) Gelbtöne

Flavonoide kommen in der gesamten Pflanzenwelt vor und sind von essenzieller Bedeutung für die Pflanze: Sie färben deren Blütenblätter, um Nektar sammelnde Insekten anzulocken, und schützen die Pflanzen vor allen Arten von Stress, vor allem vor UV-Strahlen.

Seit einigen Jahren interessiert sich auch die Medizin für die Flavonoide. Zahlreiche Studien haben deren positive Auswirkungen auf unsere Gesundheit aufgezeigt: Sie wirken antifungal (pilzhemmend), antiviral und antioxidativ; zudem spielen sie eine Rolle bei der Prävention kardiovaskulärer Krankheiten und bestimmter Krebsarten. Übrigens enthalten alle Heilpflanzen Flavonoide.

Die allermeisten Flavonoide ergeben Gelbtöne. Dominique Cardon schreibt dazu, es sei, als ob »das Gelb, die Farbe der Sonne, welche die Pflanzen wachsen lässt, darin […] eingeschlossen [sei]«.

So gibt es eine Vielzahl flavonoidreicher Pflanzen, durch die man eine mehr oder weniger intensive und mehr oder weniger beständige Gelbfärbung erhält.

Zu den Pflanzen, die aufgrund ihres bedeutenden Flavonoidgehalts für die Pflanzenfärberei interessant sind, gehören Färberwau (Färber-Resede), Kanadische Goldrute, Färberkamille und andere Kamillearten, Gemeine Schafgarbe, Rainfarn, Dahlienblüten, Jakobs-Greiskraut, Ginsterblüten, Artischockenblätter, Salbei … und zweifellos noch viele andere.

Die Farbstoffe dieser Pflanzen, etwa Luteolin, Rutin, Quercetin und Kaempferol (auch Kämpferol), ergeben recht beständige Gelbtöne.

Aufgrund ihrer spezifischen Struktur ergeben bestimmte Farbstoffe aus der Gruppe der Flavonoide – zum Beispiel die des Gelben Schmuckkörbchens (*Cosmos sulfureus*), des Mädchenauges oder des Perückenstrauchs – besonders intensive Gelb-Orange-Töne.

Die große Stoffgruppe der Flavonoide ist jedoch nicht automatisch mit »gelb« gleichzusetzen. Aufgrund ihrer spezifischen Struktur erweitern manche dieser Farbstoffe die Palette um Rosa-, Rot-, Violett- oder Blautöne.

Zuerst wären hier die Anthocyane zu nennen, eine bekannte Farbstoffgruppe, die von Färbern bisher selten verwendet wird – aus gutem Grund, denn Anthocyane sind pH-empfindlich. Sehr bekannt sind sie als pH-Indikatoren: In saurem Milieu sind sie rot, rosa oder violett, in alkalischem Milieu verfärben sie sich blau oder blaugrau. Vielleicht haben Sie dies schon einmal erlebt, ohne es zu wissen: Mit dem leuchtend roten Wein- oder Obstfleck auf der weißen Tischdecke, der nach dem Waschen grau wird.

Reich an Anthocyanen sind alle roten Beeren, Trauben, Maulbeeren, Holunder, Blaubeeren, Liguster, Efeu ... Sie ergeben kräftige Rot-, Rosa- und Violetttöne, die leider nicht sehr beständig und haltbar sind. Da das Rohmaterial jedoch in großen Mengen zur Verfügung stand, haben Färber mit mehr oder weniger großem Erfolg eine Reihe von Rezepten zur Stabilisierung von Farben auf Anthocyanbasis entwickelt.

Bei Brasilin und Hämatoxylin, zwei Farbstoffen, um die man beim Pflanzenfärben kaum herumkommt, tritt dieses Problem nicht auf. Beide Farbstoffe kommen im Holz des Blutholzbaumes (Blauholz, auch Campecheholz), Sappanbaumes (Sappanholz) sowie des Brasilholzbaumes (Brasilholz) vor.

Sie sind sehr reich an Farbstoffen, die wie die Anthocyane schöne Violett-, Rot- und Rosatöne ergeben, aber wesentlich haltbarer und beständiger sind.

Diese Pflanzen oder Pflanzenteile werden schon seit langer Zeit zu Färbezwecken importiert. In Europa waren sie bestimmend für die Farbpalette der vergangenen Jahrhunderte. So wurden die schwarzen Anzüge des 19. Jahrhunderts sämtlich mit Blauholz gefärbt.

Gemeinsam ist all diesen Farbstoffen aus der Gruppe der Flavonoide, dass sie einen Hilfsstoff benötigen, um sich mit der zu färbenden Faser zu verbinden. Das heißt, zum Färben mit Pflanzen dieser Gruppe ist stets das vorherige Beizen erforderlich.

2 • Chinone: Farbenvielfalt

Das Interessante an Chinonen, die in der Pflanzenwelt noch weiter verbreitet sind als die Flavonoide, ist ihre breite Farbpalette, die von goldenem Orangegelb durch Rhabarber und Faulbaum über das unvergleichliche Krapprot der Färberröten bis zu Karminrosa und Nussbraun reicht.

Pilze, Flechten und Insekten enthalten chinoide Farbstoffe. Die bekanntesten Insekten, aus denen Farbstoffe gewonnen werden, sind Schildläuse. Ihre Farbstoffe werden seit Jahrhunderten weitverbreitet in der Färberei, Malerei sowie als Lebensmittelfarbstoff genutzt. Hauptbestandteile der Farbstoffe sind Karminsäure (echtes Karmin), Kermessäure (Kermes, unechtes Karmin) und Laccainsäuren (Färberlack), die in hoher Konzentration in den Schildläusen selbst oder in deren harzigem Sekret stecken. Sie ergeben fantastische Rot- und Rosatöne.

Bei den Pflanzen, die Chinone enthalten, sind zum Färben vor allem die Wurzeln interessant.

Das berühmte Krapprot stammt vom Alizarin, einem Farbstoff, der in den Wurzeln des Färberkrapps (Echte Färberröte) steckt. Man findet ihn auch bei anderen Rötegewächsen (*Rubiaceae*), vor allem bei allen Labkräutern (Galium, dazu zählt z. B. der Waldmeister (*Galium odoratum*).), jedoch in geringerer Menge.

Für orangegelbe Farbtöne muss man auf die Wurzeln von Rhabarber und Faulbaum zurückgreifen, Pflanzen, die man im Garten oder auf dem Land leicht findet. Sie haben den Vorteil, dass sie sehr beständige Farben erzeugen.

Weniger bekannt ist die Schminkwurz (Färber-Alkanna). Der violette Farbton aus ihren Wurzeln gilt als weniger haltbar; dennoch ist es interessant, mit der Alkannawurzel zu experimentieren.

Wenn es Ihnen – genau wie mir – widerstrebt, die Wurzeln von Pflanzen auszureißen, können Sie auf verschiedene heimische Hölzer zurückgreifen.

Junge Triebe und junge Blätter des Walnussbaums sind reich an Juglon und ergeben schöne Brauntöne. Ein wundervolles Goldgelb erzielt man mit der Rinde von Faulbaum und anderen Kreuzdornen.

Für Rot- und Orangetöne ist außerdem auch Hennapulver hervorragend geeignet. Lawson, der Farbstoff des Hennastrauchs, ist zum Färben hochinteressant: Es fungiert nicht nur als Farbstoff, sondern kann auch als Reduktionsmittel in der Indigoküpe dienen (siehe Seite 67).

Alle Pflanzen, die Chinone enthalten, eignen sich in der Regel besonders gut für tierische Fasern.

3 • Gerbstoffe: Schwarz-, Grau- und Beigetöne bis hin zu Rotbraun

Wie bereits gesagt, sorgen Gerbstoffe aufgrund ihrer chemischen Zusammensetzung für eine bessere Haftung der Farbe an der Faser. In diesem Sinne kann man gerbstoffreiche Pflanzen als Beizpflanzen bezeichnen. Sie können jedoch auch farbgebend eingesetzt werden.

Im Hinblick auf Schwarz sagten wir bereits, dass Gerbstoffe sich in Gegenwart von Eisen sofort grau oder schwarz verfärben.

Die kondensierten Gerbstoffe, vor allem die sogenannten Proanthocyanide, sind eine ganz eigene Farbstoffquelle. Bestimmte Gerbstoffe – etwa aus dem Mastixstrauch (Wilde Pistazie) und aus Granatapfelschalen – liefern gelbe Farbstoffe. Mit der Nil-Akazie (*Acacia nilotica*) erzielt man bräunliche Rosatöne, mit anderen Akazien wie der Gerber-Akazie Rotbrauntöne und mit Kastanienrinde Dunkelbraun.

Der Vorteil farbiger Gerbstoffe ist, dass sie ohne vorheriges Beizen der Fasern beständige Farben ergeben.

4 • Indigo-Pflanzen: das blaue Wunder

Es gibt zahlreiche blau färbende Pflanzen (Indigo-Pflanzen), allen voran die vielseitige und intensiv färbende Indigopflanze (Indigostrauch, *Indigofera tinctoria*).

Dieser Halbstrauch wächst wild oder kultiviert in Afrika, Asien (Indien, China) und Südamerika und gehört zur Familie der Hülsenfrüchtler (Fabaceae). Er ist ein sogenannter Stickstoffsammler, hat also die Fähigkeit, Stickstoff aus der Luft im Boden anzureichern und so für andere Pflanzen verfügbar zu machen (Gründüngung). Er färbt blau und verbessert auch noch den Boden – was will man mehr?

Eher in unseren Breiten wächst der Färberwaid (*Isatis tinctoria*), auch Pastel oder Deutscher Indigo genannt, eine zweijährige Pflanze aus der Familie der Kreuzblütengewächse (*Brassicaceae*). Wild findet man ihn in Südfrankreich, im Mittelmeerraum und auch in deutschen Weinbauklimaten am Straßenrand, entlang von Bahngleisen und auf Freiflächen. Er liebt tiefgründige und durchlässige, kalkhaltige Lehmböden und warme, sonnige Standorte. Im 15. und 16. Jahrhundert war der Anbau von Färberwaid in Südfrankreich sehr verbreitet, vor allem im Lauragais südöstlich von Toulouse. Daher wird diese Region auch »Pays de Cocagne« (Schlaraffenland) genannt: In Form der *cocagnes* (Waidkugeln) – zu Kugeln gepressten getrockneten und gemahlenen Blättern – kam der Färberwaid für die Indigofärbung in den Handel.

Dank engagierter Initiativen lebt diese Tradition allmählich wieder auf.

Eine weitere Ressource für Indigoblau, die man in unseren Klimaten kultivieren kann, ist der Färberknöterich (*Persicaria tinctoria*), der zur Familie der Knöterichgewächse (*Polygonaceae*) gehört. Die einjährige krautige Pflanze stammt ursprünglich aus Vietnam und Südchina, hat sich jedoch in Europa gut akklimatisiert. Sie liebt frische, feuchte Böden. Auch hier gibt es etwa in Frankreich und Deutschland Initiativen zum Anbau der Färberpflanze.

Es gibt noch weitere Indigo-Pflanzen, die exotischer und weniger bekannt sind.

Besondere Erwähnung verdient ein hübscher Baum aus Asien, der lichten Schatten bietet und wunderbar duftet: der Japanische Losbaum (*Clerodendrum trichotomum*). Im Spätsommer entwickeln sich aus den Blüten kleine schwarzblaue Beeren, die bei Vögeln sehr beliebt sind. Die Beeren enthalten ein Indigo-Derivat, sodass man durch Heißfärbung unter Verwendung frischer Beeren blaue Farbtöne erzielen kann (siehe Seite 167–168).

All diese Pflanzen enthalten kein Indigo, sondern Vorstufen davon: Moleküle, aus denen nach einer chemischen Reaktion das Indigopigment entsteht (siehe Seite 70–71).

Die Verwendung der Indigo-Pflanzen beschränkt sich nicht auf das Färben. In allen Kulturen, die mit Indigo färbten, wurden diese Pflanzen auch zu Heilzwecken benutzt.

Schon in der Antike dienten Umschläge mit Blättern des Färberwaids zur Behandlung von Wunden, Geschwüren und Schlangenbissen, ein Absud der Blätter wurde gegen Erkrankungen der Milz eingesetzt.

Überdies trug man mit Indigo gefärbte Kleidung, um sich dank deren unangenehmem Geruch gegen Insekten und Schlangen zu schützen.

In der Traditionellen Chinesischen Medizin (TCM) finden verschiedene Indigo-Pflanzen noch heute als Heilpflanzen Verwendung.

Da er antivirale Eigenschaften besitzen soll, geriet der Chinesische Färberwaid während der durch Coronaviren ausgelösten SARS-Epidemie 2003 in den Fokus. Er soll auch entzündungshemmend wirken und wird traditionell bei Entzündungen der Atemwege und des Mund-Rachenraums eingesetzt. Außerdem gilt er als blutreinigend und soll die Leberfunktion unterstützen.

2011 wurde der Färberwaid in das Europäische Arzneibuch aufgenommen. Aufgrund seiner potenziell entzündungs- und tumorhemmenden, antiviralen und antioxidativen Eigenschaften ist er heute Gegenstand zahlreicher medizinischer Studien.

Auf der Basis von Färberwaid gibt es sogar Hautpflegeserien, deren Hersteller mit dessen positiven Eigenschaften für die Haut werben.

Wo findet man Färberpflanzen?

Material zum Färben mit Pflanzen ist recht einfach zu finden.

In der Küche können bestimmte organische Abfälle statt auf den Kompost in Ihre Färbebottiche wandern: Karottengrün, Zwiebel-, Bananen- oder Avocadoschalen, Rote-Bete-Blätter …

Größere Mengen können Sie bei Gemüse- und Lebensmittelhändlern oder von Restaurants erhalten, die froh sein werden, dass ihre Abfälle so Verwertung finden. Natürlich empfehle ich die Verwendung von Obst und Gemüse aus kontrolliert biologischem Anbau.

Falls Sie einen Garten haben, ist dieser ein fantastisches Experimentierfeld für die Suche nach Naturfarbstoffen. Sie können dort an unsere klimatischen Bedingungen angepasste Färberpflanzen anbauen: Krapp (Färberröte), Färberknöterich, Gelbes Schmuckkörbchen, Färberwaid, Färberwau und viele andere.

Spaziergänge in Wald und Feld können eine Gelegenheit sein, Wildpflanzen zu sammeln, unter denen es einige in Sachen Pflanzenfarben interessante Arten gibt. Bäume und Sträucher bieten reichlich pflanzliches Material zum Färben (siehe Seite 152). Das Färben mit Wildpflanzen offenbart den ganzen Reichtum unserer Artenvielfalt. Letztere gilt es beim Pflanzenfärben unbedingt zu respektieren.

Wildsammlung – das sagt der Gesetzgeber:
Laut Bundesnaturschutzgesetz § 39 (Absatz 1, Nr. 2) ist die Entnahme wild lebender Pflanzen aus der Natur grundsätzlich verboten. Aber: »Jeder darf abweichend von Absatz 1 Nr. 2 wild lebende Blumen, Gräser, Farne, Moose, Flechten, Früchte, Pilze, Tee- und Heilkräuter sowie Zweige wild lebender Pflanzen aus der Natur an Stellen, die keinem Betretungsverbot unterliegen, in geringen Mengen für den persönlichen Bedarf pfleglich entnehmen und sich aneignen.« BNatSchG § 39, Absatz 3. In Naturschutzgebieten und Nationalparks ist das Sammeln grundsätzlich tabu!

Wildsammlung: nutzen, ohne zu schaden

Damit die Wildsammlung nicht die Artenvielfalt beeinträchtigt, sind einige Regeln zu beachten.

1 Nur Pflanzen sammeln, die reichlich vorhanden sind. Geschützte oder vom Aussterben bedrohte Arten sind tabu. Im Zweifel können Sie eine Pflanze mithilfe der App PlantNet identifizieren und sich auf den Listen der bedrohten Arten (Webseiten www.rote-liste-zentrum.de und www.iucnredlist.org/regions/europe) informieren.

2 Beim Sammeln darauf achten, die benachbarten Pflanzen nicht zu zertreten und sauberes Werkzeug zu verwenden, um keine pathogenen Keime auf die Pflanzen zu übertragen.

3 Nur die benötigte Menge entnehmen und stets mindestens ein Drittel der Pflanzen stehen lassen, um ihren Bestand zu sichern. Niemals vereinzelt stehende Pflanzen sammeln.

4 Im Sinne des Arterhalts ist es besser, wenige Pflanzen an mehreren Standorten zu sammeln.

5 Einen Teil der Blüten und Samenstände stehen lassen, damit die Pflanze im Folgejahr neu aussamen kann.

6 Die Pflanzen nicht mit den Wurzeln ausreißen, es sei denn, sie sind sehr verbreitet wie der Ampfer.

Holzige Partien werden mit einem Gartenmesser oder einer Gartenschere abgeschnitten, Blätter mit der Schere. Blüten zupft man vorsichtig mit den Fingerspitzen ab. Falls Sie die gesammelten Pflanzen nicht sofort verwenden, sollten Sie sie trocknen.

Hier einige Tipps zum Trocknen von Pflanzen:

Am besten einen dunklen, trockenen und luftigen Ort auswählen. Ein gut belüfteter Dachboden ist ideal, sofern die Dachbalken nicht chemisch behandelt wurden.

Die Pflanzen vorsichtig auf einem fertig gekauften oder mit einfachen Mitteln selbst gebauten Trockengestell ausbreiten (Bauanleitungen finden Sie im Internet). Einige mit einem Stück Moskitonetz ausgelegte und aufeinandergestapelte Obststiegen erfüllen bei mir sehr gut den Zweck.

Größere Pflanzenbüschel können Sie zusammenbinden und kopfüber an einem dunklen, trockenen Platz aufhängen.

Die Pflanze ist getrocknet, wenn sie sich zwischen den Fingern zerbröseln lässt und sich nicht mehr feucht anfühlt.

Nun kann man sie leicht pulverisieren.

Wenn Sie Ihre frisch gesammelten Pflanzen sofort verwenden möchten, denken Sie daran, sie zuvor gut auszuschütteln. So können alle kleinen Tierchen, die darauf sitzen, das Weite suchen.

Größere Mengen getrockneter Pflanzen können Sie im Kräuterhandel kaufen. Auf die Pflanzenfärberei spezialisierte Onlineshops bieten ebenfalls eine Reihe von Färberpflanzen an, vor allem solche, die in unseren Breiten nicht wachsen. Sie sind getrocknet und geschnitten, gerebelt oder in Pulverform erhältlich oder auch als Extrakt (sehr praktisch bei den gerbstoffreichen Pflanzen). So können Sie Ihre Farbpalette um den Reichtum einer exotischeren Flora erweitern.

Das Wasser

Davon ist selten die Rede, obwohl es eine entscheidende Zutat ist, denn ohne Wasser kann man nicht färben. Es wird für sämtliche Arbeitsschritte benötigt.

Die Wasserqualität

Die Wasserqualität wirkt sich unmittelbar auf die Qualität der Färbung aus. Außerdem beeinflussen Ursprung, Mineralstoffgehalt und pH-Wert des Wassers den erzielten Farbton.

1 • Leitungswasser

Leitungswasser steht leicht zur Verfügung, seine Qualität unterliegt jedoch regionalen Schwankungen. Mangels anderen Wassers kann es zum Färben verwendet werden, trotz des (vorgeschriebenen) enthaltenen Chlorzusatzes. Indem man das Wasser über Nacht stehen lässt und anschließend abkocht, kann man den Chlorgehalt in der Regel erheblich reduzieren.

Bedenken Sie, dass bestimmte Pflanzen kein zu kalkhaltiges Wasser mögen. Umgekehrt erbringen andere Pflanzen mit kalkreichem Wasser die besten Ergebnisse.

Leitungswasser ist nicht gleich Leitungswasser. Ich habe es ausprobiert: Eine Färbung mit Blauholz ergab mit Leitungswasser aus Lyon ein wundervolles Marineblau, während ich bei mir auf dem Land mit derselben Färbemethode und den gleichen Materialien ein ins Violette changierendes Blau erhielt. Das gehört zu den Unwägbarkeiten der Pflanzenfärberei.

Zur Vorbereitung und zum Vorwaschen der Fasern können Sie bedenkenlos auf Leitungswasser zurückgreifen. Für den eigentlichen Färbevorgang ist jedoch die Verwendung von Regenwasser empfehlenswerter.

2 • Regenwasser

Dies ist mein bevorzugtes Wasser zum Färben, da es weniger Mineralstoffe enthält und naturbelassener ist. Allerdings ist es nicht so leicht erhältlich.

Falls Sie in einem Haus wohnen, ist es relativ einfach, Regenwasser in Regentonnen aufzufangen. Behälter aus Beton oder Polyethylen gewährleisten am besten eine konstante Wasserqualität. Wasserspeicher aus Beton neutralisieren die von Natur aus enthaltene Säure des Regenwassers.

Haben Sie keinen Zugang zu Regenwasser, können Sie entmineralisiertes Wasser (evtl. auch destilliertes Wasser genannt) verwenden, das im Handel erhältlich ist.

Quellwasser ist oft stark mineralisiert und wird in der Regel nicht zum Pflanzenfärben empfohlen. Wenn ich jedoch die Gelegenheit hätte, könnte ich nicht widerstehen und würde ausprobieren, welche Färbeergebnisse ich mit eisenhaltigem Wasser erziele.

Wasser sparen

Es lässt sich nicht abstreiten, dass die Pflanzenfärberei viel Wasser verbraucht, denn die für ein Farbbad benötigte Wassermenge ist enorm. Im Allgemeinen werden zum Färben 20 Liter Wasser auf 1 kg Fasern empfohlen. Bei kleineren Mengen erhöht sich die Wassermenge noch etwas: 3 Liter auf 100 g Fasern.

Dies sind lediglich Richtwerte. Wichtig ist, dass das Färbegut vollständig untergetaucht werden kann, ohne dass das Farbbad zu stark verdünnt wird.

Es gibt verschiedene Möglichkeiten, um den Wasserverbrauch zu begrenzen oder das Wasser zumindest wiederzuverwerten.

So lege ich Ihnen sehr ans Herz, Ihre Farbbäder und Beizen nicht auszuschütten, solange sie nicht vollständig erschöpft sind.

Bei den Farbbädern kann man dies gut an der Farbe des Suds erkennen: Je heller das Wasser, desto weniger Farbstoffe enthält der Sud. So kann man gegen Ende entweder hellere Nuancen färben oder Farbtöne durch Nachfärben vertiefen (siehe Seite 57–61).

Bei den Beizen sagt die Farbintensität der Flotte hingegen gar nichts aus. Beizflotten neigen sogar eher dazu, mit der Zeit dunkler zu werden. Um zu erfahren, ob sie noch wirken, probieren Sie sie am besten aus. Übrig gebliebene Beizen bewahren Sie am besten in sehr dicht schließenden Behältern auf.

Sind die Flotten restlos erschöpft, können sie im Garten verwertet werden: Hortensien lieben die ausgelaugte Beizflotte von Symplocos – diese Beizpflanze enthält Aluminiumoxid, das die Blüten blau färbt.

Nachdem ich ihren pH-Wert kontrolliert habe, leere ich meine Flotten in die Gießkanne. Mit eher sauren Flotten gieße ich Pflanzen, die sauren Boden lieben, etwa Himbeeren und andere rote Früchte. Ist eine Flotte hingegen zu alkalisch, korrigiere ich dies, indem ich vor dem Gießen der Pflanzen etwas Essig hinzufüge.

Auf diese Weise können alle Beizen und Farbbäder verwertet werden –w und der Garten profitiert davon.

Es gibt nur eine einzige Färbung, die wenig Wasser verbraucht: die Indigofärbung. Eine einmal angesetzte Küpe ist bei ausreichender Menge extrem stabil. Wird sie entsprechend gepflegt, ist sie sehr lange haltbar. Meine 2016 angesetzte Indigoküpe habe ich noch nie ausgeleert!

DIE GRUNDAUSSTATTUNG

Sofern man nur für sich selbst färbt, benötigt man keine bombastische Ausstattung, um sich in das Abenteuer der Pflanzenfärberei zu stürzen. Wenn Sie zum Kochen ausgerüstet sind, haben Sie auch alles, was Sie zum Färben brauchen.

In der Regel wird empfohlen, dass die Ausstattung zum Färben ausschließlich zu diesem Zweck verwendet wird. Das ist richtig, wenn Sie mit Alaun, Eisensulfat oder auch Kalk für die Indigoküpe arbeiten.

Wenn Sie jedoch nur ungiftige Pflanzen verwenden, die zudem noch Heilpflanzen sind, müssen Sie diese Vorsichtsmaßnahme nicht so streng beachten.

Für die Arbeit wählen Sie einen gut belüfteten Platz. Es empfiehlt sich, je nach Rezept stets Natron oder Soda, etwas Kreide und Zitronensaft zur Hand zu haben, da einige Pflanzen sehr pH-empfindlich sind. Durch Ansäuern oder Alkalisieren des Färbesuds kann man so mit den Farbnuancen spielen. Einige Pflanzen, zum Beispiel die Färberröte (Krapp), geben erst alles, wenn man sie in leicht kalkhaltiges Wasser gibt.

Da mein Wasser eher weich ist, gebe ich immer einige Prisen Kreidepulver in meinen Färberrötesud.

Töpfe und Bottiche

1 • Material der Töpfe

Die verwendeten Materialien müssen inert (nicht reaktiv) sein, das heißt, sie dürfen sich nicht auf die Zusammensetzung des Färbesuds auswirken.

Edelstahl (Inox) eignet sich am besten, da er am vielseitigsten einsetzbar und am beständigsten ist. Er ist für die Herstellung eines Pflanzensuds zum Beizen oder Färben unverzichtbar.

Auf der Suche nach geeignetem Material stoßen Sie vielleicht auch auf sehr große Aluminiumtöpfe, die Sie in der Küche nicht mehr verwenden. Diese können gute Dienste leisten, wenn Sie größere Mengen färben möchten. Allerdings sind sie nicht inert: Es ist möglich, dass einige Milligramm Aluminium in Ihren Färbesud übergehen. Diese winzigen Mengen in einem 20-Liter-Farbbad intensivieren sehr schön die Farben, ohne das Färbegut nennenswert zu belasten.

Töpfe aus Eisen oder Kupfer reagieren direkt mit dem Färbesud, sodass die Farben dunkler werden oder einen Grünstich bekommen. Falls Sie solche Töpfe verwenden, müssen Sie ständig rühren, damit keine Flecken entstehen.

2 • Größe der Töpfe

Am besten wählen Sie Töpfe in verschiedenen Größen: kleine Töpfe vom Typ Stieltopf zur Herstellung der Pflanzenauszüge (Absude) und größere Töpfe für die Farbbäder. Die Menge des Farbbads hängt vom Gewicht des Färbeguts ab: In der Regel rechnet man 20 Liter Wasser auf 1 kg Färbegut.

Das Fassungsvermögen Ihres Topfes vom Typ Universal-Kochtopf muss also entsprechend der gewünschten Menge Färbegut ausgewählt werden.

Zum Färben von Wollsträngen wählen Sie Töpfe, deren Höhe größer ist als der Durchmesser. Für Stoff eignen sich weitere, flachere Töpfe hingegen besser, damit der Stoff ganz ausgebreitet werden kann.

Ideal ist es, Töpfe in verschiedenen Formen und Größen zur Auswahl für unterschiedliche Projekte bereitzuhalten.

Sonstiges Zubehör

Außer den Töpfen benötigen Sie weitere Utensilien, die man in der Regel in der Küche findet:

- Kochfeld (Gas oder Elektro)
- Waage
- Thermometer
- Holzlöffel
- Ess- und Teelöffel
- Siebe
- Passiertuch oder Geschirrtuch zum Filtern
- Schüsseln aus Glas oder Edelstahl zur Aufbewahrung der Pflanzenauszüge
- Schüsseln und Eimer aus Plastik
- Handschuhe und Schürze

In Second-Hand-Kaufhäusern oder auf Trödelmärkten können Sie die benötigte Ausstattung günstig erstehen.

Später werden Sie sehen, dass es wichtig ist, den pH-Wert der Flotten zu kontrollieren und bei Bedarf anzupassen. Daher ist es sinnvoll, pH-Indikatorpapier zum Messen zur Hand zu haben. Dieses bekommen Sie in der Apotheke. Noch besser, aber auch teurer, ist ein pH-Meter. Zur Regulierung des pH-Wertes sind Zitronensaft und Natron oder Soda stets praktisch.

DER PROZESS DES PFLANZENFÄRBENS

Auf den ersten Blick scheint der Prozess des Pflanzenfärbens kompliziert und lang zu sein.

Kompliziert? Nicht wirklich: Die Vorgänge sind einfach und wiederholen sich häufig.

Lang? Auf jeden Fall! Das Pflanzenfärben braucht Zeit. Manchmal benötigt man mehrere Tage. Sammeln, schneiden, einweichen, auskochen, ziehen lassen, erneut kochen, trocknen lassen, waschen, erneut trocknen: Es gibt eine ganze Reihe von Arbeitsschritten, und jeder braucht seine Zeit.

Versuchen Sie, keinen der Schritte zu vernachlässigen. Und vor allem müssen Sie Geduld haben und alles gut beobachten, bis Sie sehen, wie die Fasern die Farbe annehmen – ein magischer Augenblick, in dem sich die Alchemie der Pflanzen entfaltet.

Das Wiegen

Ganz zu Beginn, bevor es überhaupt ans Färben geht, müssen Sie das Trockengewicht (TG) Ihres Färbeguts feststellen.

Wenn Sie dieses Trockengewicht kennen, können Sie weitere Faktoren bestimmen:

- **Die Menge der benötigten Pflanzen** sowohl zum Beizen als auch zum Färben, also das Verhältnis Pflanzenmaterial zu Trockengewicht des Färbeguts, das als Verhältnis (z. B. 1:1) oder in Prozent ausgedrückt wird.
- **die benötigte Wassermenge** für die Farbbäder. Das Verhältnis des Textilgewichtes (Trockengewicht des Färbeguts) zur Wassermenge nennt man in der Fachsprache das Flottenverhältnis (FV). Wenn Sie das Flottenverhältnis beziehungsweise die benötigte Wassermenge kennen, können Sie einen entsprechend großen Topf auswählen.

Bis hierher ist das Ganze noch nicht sehr kompliziert.

Vorbereitung des Färbeguts

Die Vorbereitung des Färbeguts ist sehr wichtig, denn sie sorgt dafür, dass die Fasern die Wirkstoffe der Pflanzen, also die Beizstoffe oder die Farbstoffe, besser annehmen.

Dabei werden die Fasern von etwaigen Appreturen und anderen Rückständen aus dem Herstellungsprozess befreit.

1. Waschen, entbasten, beuchen (alkalisches Abkochen)

Wolle

Zur Vorbereitung von Wolle genügt es in der Regel, sie mit lauwarmem Wasser (30 °C) und einigen Tropfen ökologischem Wollwaschmittel auszuwaschen.

Fettwolle wie naturbelassene Rohwolle (Schweißwolle) oder kardierte Rohwolle zum Spinnen (die ebenfalls noch das Wollfett enthält, um das Spinnen zu erleichtern) wird mit Marseiller Seife (Olivenölseife) gewaschen. Alle Seifenrückstände stets gründlich ausspülen, und zwar mit lauwarmem Wasser, um Temperaturschocks zu vermeiden – sonst verfilzt die Wolle.

Seide

Wenn die Seide entbastet ist, wie es bei verarbeiteter Seide meist der Fall ist, genügt einfaches Waschen mit geeignetem ökologischem Waschmittel.

Bei Rohseide (Grezseide) ist die Vorbereitung aufwendiger. Die Seide muss zunächst entbastet, also vom Serizin (Seidenleim, auch Seidenbast) befreit werden, der die von den Seidenraupen in den Kokons produzierten Fäden umgibt und nicht gefärbt werden kann. Zum Entbasten weicht man die Seide am besten eine Stunde lang in sehr heißem Wasser (90–95 °C) mit Marseiller Seife ein. Zum Auswaschen gibt man einen knappen Esslöffel grobes Soda ins Wasser. Auch hier muss sehr sorgfältig gespült werden.

Pflanzenfasern

Pflanzenfasern müssen von jeglichem Wachs, Pektin oder anderen Begleitstoffen befreit werden. Diesen Prozess nennt man Beuchen.

Dabei werden die pflanzlichen Fasern bei hohen Temperaturen (60 bis 90 °C) in Wasser mit Marseiller Seife und Soda gewaschen. Die benötigte Menge an Seife beträgt etwa 20 % des Gewichts der zu waschenden Fasern, die Menge an Soda etwa 6 %. Alles gründlich auswaschen, bis das Wasser klar ist. Am einfachsten geht das Ganze in der Waschmaschine.

Zur gründlichen Reinigung pflanzlicher Naturfasern verwenden manche Färber auch Weizenkleiebäder. Aufgrund ihres natürlichen Phosphatgehalts löst die Kleie effizient alle Rückstände aus den Fasern.
Rezept für das Kleiebad:
- die Weizenkleie (20 g pro Liter Wasser) in einem zum Säckchen zusammengebundenen Passiertuch bei 30 bis 40 °C ziehen lassen;
- das Kleiesäckchen kneten, bis das Wasser milchig wird;
- die Fasern in dieses Wasser eintauchen und etwa 20 Minuten darin kneten, damit sie gründlich durchtränkt werden;
- die Fasern herausnehmen, gut ausspülen, auswringen und trocknen lassen.

Bei **Fasern mit der Bezeichnung »färbefertig vorbehandelt«** erübrigt sich dieser Schritt der Vorbereitung.

Alte Haushaltswäsche nimmt in der Regel sehr gut die Farbe an, da sie durch den Gebrauch, diverse Verschmutzungen und die häufigen Wäschen unserer fleißigen Großmütter angeraut sind, sodass die Pflanzenfarbstoffe besser daran haften.

2 • Vorbehandlung von Pflanzenfasern: Animalisieren der Fasern

Wie bereits erwähnt, haften Pflanzenfarben besser an proteinreichen Fasern. Bei den pflanzlichen Zellulosefasern ist dies schwieriger.

Um das Anhaften der Farben zu verbessern, haben Färber auf der ganzen Welt Rezepte dafür gefunden, die Zellulosefasern durch »Anreicherung« mit Proteinen aufnahmefähiger zu machen. In der Färbersprache nennt man dies »Animalisieren« der Fasern.

Dazu verwenden die Färber jeweils regionale Produkte. In Japan wird Baumwolle in Sojamilch eingeweicht, in Indien in heißem Wasser mit sulfoniertem Rizinusöl. Die eiweißreiche Milch mancher Pflanzenfresser wie Schaf oder Ziege kann auf die gleiche Weise verwendet werden.

Ich habe mit verschiedenen Methoden experimentiert, die teils erprobt, teils ganz neu waren. Was meine Aufmerksamkeit erregte, da es preisgünstig und regional ist, war das Ei. Genauer gesagt, das Eiweiß (Eiklar), das mit 82 % sehr proteinreich ist.

Hier mein Rezept für 100 g zu färbende Pflanzenfasern:
- das Eiklar von zwei Eiern in eine große Schüssel geben;
- lauwarmes Wasser hinzufügen und umrühren;
- die Fasern in dieses Bad tunken, sodass sie gut bedeckt sind, und gründlich durchkneten. Bei Bedarf mehr Wasser hinzufügen;
- die Schüssel im Wasserbad bei 50 °C eine knappe Stunde erwärmen;
- abkühlen lassen;
- die Fasern herausnehmen, auswringen und in der Sonne trocknen lassen;
- mindestens 1 bis 2 Tage ruhen (»reifen«) lassen.

Nun sind die Fasern für alle weiteren Schritte der Färberei vorbereitet.

Für umwelt- und tierfreundliche Farben empfehle ich die Verwendung von Bio-Eiern.

Falls Sie größere Mengen an Färbegut vorbereiten müssen, finden Sie im Handel Bio-Eiweißpulver, das einfacher anzuwenden ist. In diesem Fall beträgt das Verhältnis 10 % des Trockengewichts des Färbeguts.

Das Animalisieren von Baumwolle oder Leinen ist nicht unbedingt notwendig. Manche Färber überspringen diesen Schritt. Bei einer Beize mit Aluminiumacetat kann man auf das Animalisieren verzichten.

Möchte man jedoch ausschließlich mit Pflanzen beizen, werden die Farben ohne das Animalisieren weniger kräftig. Für optimale Färbeergebnisse empfiehlt es sich daher, keinen Schritt der Vorbereitung auszulassen.

Beizen mit Pflanzen

Erinnern wir uns daran, dass das separate Beizen nicht bei allen Pflanzen erforderlich ist. Manche Pflanzen enthalten sogenannte Direktfarbstoffe (in der Färbersprache substantive Farbstoffe): Diese haften ohne weitere Hilfsstoffe direkt an der Faser. Im Rezeptteil stelle ich einige dieser Pflanzen vor.

Bei den anderen Pflanzen ist ein Hilfsstoff nötig, damit die Farbe an den Fasern haftet.

Bei meiner Suche nach rein pflanzlichen Färbungen habe ich mit mehreren Pflanzen experimentiert, die Alaun oder alle anderen synthetisch hergestellten Aluminiumverbindungen ersetzen können.

Manche davon eignen sich für alle Faserarten, andere nur für bestimmte. Oxalsäurereiche Pflanzen sind nur für Wolle und Seide interessant.

Zudem konnte ich feststellen, dass manche Beizpflanzen zusammen mit bestimmten Färberpflanzen die besten Ergebnisse erzielen. Gelbe Pflanzen aus der Gruppe der flavonoidhaltigen Pflanzen funktionieren nur mit Symplocos gut, da sich ihr Farbstoff erst durch die darin enthaltenen Aluminiumionen voll entfaltet.

Die Beizkraft der verschiedenen von mir getesteten Pflanzen ist ebenfalls unterschiedlich. Am stärksten beizt Symplocos, wie alle Pflanzen, die als Hyperakkumulatoren von Aluminium gelten. Symplocos hat man jedoch nicht unbedingt zur Hand. Daher habe ich nach geeigneten näherliegenden Alternativen gesucht, die interessant sind, wenn man regionale Ressourcen verwerten und recyceln möchte. Die Kehrseite ist, dass man für eine effiziente Beize eine größere Menge dieser Pflanzen benötigt.

Mit Pflanzen zu beizen ist, wie Sie inzwischen gemerkt haben, nicht so einfach und effizient wie das Beizen mit Alaunpulver. Doch um Effizienz geht es mir beim Färben auch gar nicht.

Für sich selbst ausschließlich mit Pflanzen und nur dank ihnen zu färben, ist ganzheitlicher und ökologischer. Man entdeckt dabei den ganzen Reichtum der Artenvielfalt. Man betrachtet die Pflanzenwelt mit anderen Augen, auch die sogenannten »organischen Abfälle« oder das »Unkraut«. Diese können einem wunderschöne Farben schenken – es wäre schade, daran vorbeizugehen.

Die Suche nach Beizpflanzen bedeutet eine Entdeckungsreise in die Welt der Artenvielfalt, eine Welt voller Farben.

Eine Auswahl meiner Versuche stelle ich Ihnen etwas später vor (siehe Seite 75), und zwar in zwei Varianten: einmal mit »klassischen« Färberpflanzen und einmal mit weniger bekannten oder gebräuchlichen Pflanzen, die man in seiner Umgebung leicht findet.

Beizpflanzen nur für tierische Fasern

1 • Oxalsäurereiche Pflanzen

Alle oxalsäurereichen Pflanzen können zum Beizen tierischer Fasern (Wolle und Seide) nützlich sein.

Oxalsäure ist in den Blättern von Pflanzen aus der Familie der Knöterichgewächse (*Polygonaceae*) enthalten – Ampfer, Knötericharten, Rhabarber. Ebenso steckt sie in den Blättern mancher Fuchsschwanzgewächse (*Amaranthaceae*) – Gänsefuß-Arten, Mangold, Rüben …

Zu den Knöterichgewächsen zählt der Japanische Staudenknöterich. Diese ungeliebte Art enthält reichlich Oxalsäure – Grund genug, sich mit ihr auszusöhnen.

Am Straßenrand, entlang von Bahngleisen, auf Industriebrachen, in der Stadt, auf dem Land – sie ist überall. Diese invasive Art wuchert stark und ist unglaublich hartnäckig, auch wenn man mit allen Mitteln versucht, sie loszuwerden.

Inzwischen ist sie jedoch Objekt zahlreicher Studien. Ihre chemische Zusammensetzung, insbesondere ihr Gehalt an Resveratrol, ist für die medizinische Forschung von großem Interesse. Auch die Verwertung der Biomasse als Kompost wird untersucht.

Da die Pflanze metallhaltige Böden liebt, gilt sie als Indikatorart für Böden, die mit Schwermetallen belastet sind, eine Eigenschaft, die für die Phytoremediation (Bodensanierung durch Pflanzen) von Bedeutung sein kann. Genau dies ist freilich einer der Gründe, aus denen man sie bei uns ablehnt, obwohl sie essbar ist und reichlich Nektar liefert.

In meiner Umgebung finde ich sie überall am Straßenrand. Ich sammle die Blätter im Spätsommer. Wenn ich mit einem Arm voll der blühenden Zweige nach Hause komme, lockt dies sämtliche Bienen im Garten an, und es macht mir große Freude, diese beim Nektarsammeln zu beobachten. Die Blätter lasse ich trocknen und verwende sie später zum Beizen von Wolle.

Auch das Grün von Rüben (Beten, Gattung der Fuchsschwanzgewächse) enthält Oxalsäure in hoher Konzentration. Wenn Sie gern Rote Bete essen und sie sogar im Gemüsegarten anbauen, ist das die Gelegenheit, um das Grün in der Pflanzenfärberei zu verwerten.

Rüben können Sie den ganzen Sommer über ernten, am besten jedoch im Spätsommer. Unmittelbar nach der Ernte ergibt das frische Grün die sattesten Farbtöne. Falls Sie jedoch keine Möglichkeit haben, sofort einen Absud daraus herzustellen, können Sie die Blätter auch trocknen. Auch so erzielen Sie interessante Ergebnisse.

Haben Sie keine Rüben im Garten, bitten Sie Ihren Bio-Gemüsehändler auf dem Markt, für Sie das Grün aufzuheben, das sonst in der Regel auf dem Kompost landet.

Es gibt also in der Pflanzenwelt diverse bedeutende Oxalsäurequellen, die man sich leicht immer wieder besorgen kann.

Welche Pflanze Sie auswählen, entscheiden Sie je nach Ihrem Wohnort und der Jahreszeit. Je älter die Pflanzen sind, desto höher ist ihr Oxalsäuregehalt.

Die Blätter können frisch oder getrocknet verwendet werden. Man benötigt eine große Menge an Blättern: bei getrockneten Blättern zwischen 100 und 200 % des trockenen Färbeguts, bei frischen Blättern sogar 400 bis 500 % (dies sind lediglich Richtwerte).

Das Rezept zum Beizen ist für alle Pflanzen gleich.

BEIZE MIT RÜBENBLÄTTERN

Beta vulgaris

- **Verwendete Teile**
  Oberirdische Teile, frische Blätter und Stiele

- **Menge**
  Frische Blätter und Stiele: 400 % des Trockengewichts (TG) des Färbeguts
  Getrocknete Blätter und Stiele: 100 % des Trockengewichts (TG) des Färbeguts
  Zur Bestimmung der benötigten Pflanzenmenge stets das trockene Färbegut wiegen.

Extraktion des Beizstoffes durch Abkochen

1. Das Rübengrün mithilfe einer Haushalts- oder Gartenschere sehr klein schneiden, in einen Kochtopf geben und gut mit Wasser bedecken, wenn möglich mit Regenwasser.
2. An einem gut belüfteten Ort erhitzen. Die Temperatur nach und nach erhöhen, bis das Wasser leise köchelt (90 °C).
3. Regelmäßig umrühren. Bei Bedarf verdunstetes Wasser nachfüllen, sodass die Pflanzenteile stets gut bedeckt sind.
4. Das Ganze mindestens 45 Minuten und bis zu 90 Minuten leise köcheln lassen.
5. Die Hitzezufuhr ausschalten. Den Sud abkühlen lassen.
6. Den lauwarmen Sud durch ein Sieb mit einem Passiertuch abseihen.
7. Den Sud aufbewahren.

- Für eine stärkere Konzentration können Sie mit den einmal ausgekochten Pflanzen einen zweiten Absud zubereiten und diesen zum ersten geben.
- Wenn Sie frische Blätter verwendet haben, erhalten Sie einen leuchtend rosa Sud. Diese Farbe stammt von den Betalainen, Farbstoffen, die man in den meisten Pflanzengattungen der Ordnung der Nelkenartigen (*Caryophyllales*) findet.

Dies sind sehr kräftige, aber keine beständigen

Farbstoffe. Daher sind sie für die Pflanzenfärberei kaum interessant. Als Lebensmittelfarbstoff werden sie hingegen besonders geschätzt.

Das Beizbad

1 Den Rübensud in einen Topf gießen, der so groß ist, dass das Färbegut locker hineinpasst.
2 Mit Wasser – möglichst Regenwasser – auffüllen, bis ein Verhältnis von etwa 20 Litern Wasser auf 1 kg Färbegut erreicht ist. Bei Fasermengen unter 100 g das Verhältnis etwas vergrößern (3 l Wasser/100 g Fasern).
3 Das zuvor angefeuchtete und ausgewrungene Färbegut in die Beize geben und gut darin verteilen.
4 Erhitzen und die Temperatur allmählich erhöhen, bis die Beize leise köchelt (90 °C).
5 Regelmäßig behutsam umrühren. Bei Bedarf heißes Wasser nachfüllen, sodass das Färbegut stets reichlich bedeckt ist (»schwimmt«).
6 15 Minuten bis 1 Stunde köcheln lassen. Je größer die Menge des Färbeguts, desto länger muss das Ganze köcheln. Während der gesamten Zeit regelmäßig umrühren.
7 Die Hitzezufuhr ausschalten und die Beize abkühlen lassen.
8 Das Färbegut herausnehmen und auswringen.

- Bei einem Sud aus frischen Blättern haben die Fasern nun eine schöne zartrosa Farbe angenommen, bei getrockneten Blättern sind sie gelblich. So fügen die Beizpflanzen den eigentlichen Pflanzenfarben subtile Nuancen hinzu. Die Beize mit frischen Rübenblättern ergänzt sich sehr gut mit allen rosa und rot färbenden Pflanzen.
- Wenn Sie sofort färben wollen, können Sie direkt ein Farbbad mit einer Pflanze Ihrer Wahl anschließen. Ansonsten lassen Sie das mit dem Rübengrün gebeizte Färbegut trocknen und bewahren Sie es zum späteren Färben sorgfältig auf.

---

2 • Birkenrinde

Zu dem folgenden Rezept hat mich ein altes Buch inspiriert. Louis-Alexandre Dambourney, ein französischer Botaniker des 18. Jahrhunderts und Direktor des Botanischen Gartens von Rouen, interessierte sich für die sogenannten indigenen Pflanzen als Färberpflanzen. Sein Wunsch war, Alternativen zu den exotischen Färberpflanzen aufzuzeigen, die damals in großen Mengen verwendet wurden, aber sehr kostspielig waren. Er erforschte die heimische Flora und experimentierte mit einer beeindruckenden Zahl verschiedener Pflanzen. Seine Experimente sind in dem Buch »Recueil de procédés et d'expériences sur les teintures solides que vos végétaux indigènes communiquent aux laines et aux lainages« (dt. etwa Kompendium über die Verfahren und Experimente zur Anfertigung licht- und waschechter Färbungen mithilfe indigener Pflanzen auf Wolle und Wollwaren) zusammengefasst. Falls es Sie interessiert, können Sie das Buch gratis im Internet lesen (nur französischsprachig). Es ist eine fantastische Zeitreise, auf der Sie die Flora des 18. Jahrhunderts entdecken können.

Wie zu seiner Zeit üblich wurden alle Farbtöne, die er erzielte, mithilfe metallischer Beizen hergestellt: natürlich mit Alaun, aber auch mit Kupfer, Eisen und Schwermetallen wie Zinn, Bismut oder auch Blei. Über deren schädliche Auswirkungen auf die Umwelt machte man sich damals noch keine Gedanken.

Eines seiner zahlreichen Experimente erweckte meine besondere Aufmerksamkeit, und zwar jenes mit Birkenrinde. Die Hängebirke (*Betula pendula*) ist ein Pionierbaum, der sicher auch in Ihrer Gegend überall auf Waldbrachen wächst. Nach zahlreichen Versuchen konnte Dambourney überrascht feststellen, dass Birkenrinde zusammen mit Blauholz als »unterstützender Beizstoff« verwendet werden konnte. Meine Neugier trieb mich dazu, das auszuprobieren, aber ohne metallische Beize.

Birkenrinde allein ergibt hübsche Rosatöne, die keine zusätzliche Beize erfordern. Das ist ihr erster Pluspunkt (Rezept siehe Seite 158).

Was mich jedoch interessierte, war ihre Eignung als Beizpflanze. Die Ergebnisse waren nur auf Wolle überzeugend. Je nach verwendeter Färberpflanze waren die

Ergebnisse sehr unterschiedlich, wie bei den meisten pflanzlichen Beizmitteln – außer bei Symplocos. Doch die Alchemie zwischen Birkenrinde und Blauholz stimmt.

Ich habe zwar kein Blau erhalten (dies ist nur mit Aluminiumionen möglich), aber ein hübsches Rosaviolett. Ein schöner Farbton, für den es sich lohnt, Birkenrinde in die Liste der Beizpflanzen aufzunehmen.

BEIZE MIT BIRKENRINDE

Betula alba

- Verwendete Teile
  Getrocknete Rinde, zerbröselt oder pulverisiert

- **Menge**
  100–200 % des Trockengewichts (TG) des Färbeguts
  Zur Bestimmung der benötigten Pflanzenmenge stets das trockene Färbegut wiegen.

Extraktion des Beizstoffes durch Abkochen

1 Die Rinde in einen Kochtopf geben und gut mit Wasser bedecken, um das Pulver aufzulösen.
2 Erhitzen. Die Temperatur nach und nach erhöhen, bis das Wasser leise köchelt (90 °C).
3 So viel Natron hinzufügen, dass ein pH-Wert von 8 erreicht wird.
4 Regelmäßig umrühren. Bei Bedarf verdunstetes Wasser nachfüllen, sodass das Pulver stets gut aufgelöst ist.
5 Das Ganze mindestens 1 Stunde und bis zu 90 Minuten leise köcheln lassen.
6 Die Hitzezufuhr ausschalten. Den Sud abkühlen lassen.
7 Den lauwarmen Sud durch ein Sieb mit einem Passiertuch abseihen.
8 Den Sud aufbewahren.

- Für eine stärkere Konzentration können Sie mit der einmal ausgekochten Rinde einen zweiten Absud zubereiten und diesen zum ersten geben.

Das Beizbad

1 Den Rindensud in einen Topf gießen, der so groß ist, dass das Färbegut locker hineinpasst.
2 Mit Wasser – möglichst Regenwasser – auffüllen, bis ein Verhältnis von etwa 20 Litern Wasser auf 1 kg Färbegut erreicht ist. Bei Fasermengen unter 100 g das Verhältnis etwas vergrößern (3 l Wasser/100 g Fasern).
3 Den pH-Wert des Beizbads kontrollieren. Für einen pH-Wert von 8 bei Bedarf Natron hinzufügen.
4 Das zuvor angefeuchtete und ausgewrungene Färbegut in die Beize geben und gut darin verteilen.
5 Erhitzen und die Temperatur allmählich erhöhen, bis die Beize leise köchelt (90 °C).
6 Regelmäßig behutsam umrühren. Bei Bedarf heißes Wasser nachfüllen, sodass das Färbegut stets reichlich bedeckt ist (»schwimmt«).
7 15 Minuten bis 1 Stunde köcheln lassen. Je größer die Menge des Färbeguts, desto länger muss das Ganze köcheln. Während der gesamten Zeit regelmäßig umrühren.
8 Die Hitzezufuhr ausschalten und die Beize abkühlen lassen.
9 Das Färbegut herausnehmen und auswringen.

- Die Fasern haben nun eine schöne puderrosa Farbe angenommen,die kaum Auswirkungen auf den späteren Farbton der Färbung hat.
- Wenn Sie sofort färben wollen, können Sie direkt ein Farbbad mit einer Pflanze Ihrer Wahl anschließen. Ansonsten lassen Sie das gebeizte Färbegut trocknen und bewahren Sie es zum späteren Färben sorgfältig auf.

Beizpflanzen nur für pflanzliche Fasern: gerbstoffreiche Pflanzen

Wie bereits gesagt sind Gerbstoffe für die Pflanzenfärberei eine in großen Mengen vorhandene und wertvolle Ressource. Aufgrund ihrer Eigenschaft, an Baumwoll- oder Leinenfasern zu haften und sie aufnahmefähiger für Naturfarbstoffe zu machen, wurden sie in der Textilfärberei auf der ganzen Welt benutzt, um beständigere Farben zu erzielen. Die Gallen (Galläpfel) von Bäumen wie der Eiche, dem Färberbaum und anderen enthalten hoch konzentrierte hydrolisierbare Gerbstoffe, die als pflanzliches Beizmittel verwendet wurden. Um kräftigere Farben zu erhalten, allerdings oft in Verbindung mit einem mineralischen Beizmittel. Die Verwendung von Gerbstoffen in der Färberei wird in der Färbersprache »Gallieren« genannt.

Gerbstoffe können Sie in verschiedener Form verwenden.

Am einfachsten und überdies gratis ist das Sammeln von Blättern oder belaubten Zweigen gerbstoffreicher Pflanzen wie Robinie (Scheinakazie), Esskastanie, Eiche, Färberbaum, Erle oder auch Pistazie. Da die Konzentration darin geringer ist als im Holz, benötigt man eine beträchtliche Menge (frisch mindestens 500 % des Trockengewichts des Färbeguts).

Am bequemsten ist die Verwendung von Extrakten in gemahlener Form. Gallapfel-, Kastanien- oder Sumachpulver (bzw. -extrakt) bekommen Sie bei Anbietern, die auf die Pflanzenfärberei oder auf Pflanzenextrakte spezialisiert sind. Die Extrakte enthalten Gerbstoffe in hoch konzentrierter Form, sodass Sie im Prinzip nur geringe Mengen davon benötigen. Damit die Farbstoffe später gut anhaften, sollten Sie dennoch je nach Qualität des Extrakts 10–20 % des Trockengewichts des Färbeguts verwenden.

REZEPT AUF DER BASIS DES LAUBS VON EICHEN, FÄRBERBAUM, ESSKASTANIE ODER ANDEREN GERBSTOFFREICHEN BLÄTTERN

- **Verwendete Teile**
  Belaubte Zweige
- **Empfohlene Menge**
  Frische Blätter: 400–500 % des Trockengewichts (TG) des Färbeguts
  Zur Bestimmung der benötigten Pflanzenmenge stets das trockene Färbegut wiegen.

Extraktion des Beizstoffes durch Abkochen

1 Die Zweige und Blätter mit einer Garten- oder Haushaltsschere ganz fein schneiden, in einen Kochtopf geben und gut mit Wasser bedecken.
2 Erhitzen. Die Temperatur nach und nach erhöhen, bis das Wasser leise köchelt (90 °C).
3 Regelmäßig umrühren. Bei Bedarf verdunstetes Wasser nachfüllen, sodass die Pflanzenteile stets gut bedeckt sind.
4 Das Ganze mindestens 45 Minuten und bis zu 90 Minuten leise köcheln lassen.
5 Die Hitzezufuhr ausschalten. Den Sud abkühlen lassen.
6 Den lauwarmen Sud durch ein Sieb mit einem Passiertuch abseihen.
7 Den Sud aufbewahren.

- Für eine stärkere Konzentration können Sie mit der einmal ausgekochten Rinde einen zweiten Absud zubereiten und diesen zum ersten geben.
- Zum Schluss können Sie die ausgekochten Blätter einfach im Garten kompostieren.

Das Beizbad

1 Den Blättersud in einen Topf gießen, der so groß ist, dass das Färbegut locker hineinpasst.
2 Mit Wasser – möglichst Regenwasser – auffüllen, bis ein Verhältnis von etwa 20 Litern Wasser auf 1 kg Färbegut erreicht ist. Bei Fasermengen unter 100 g das Verhältnis etwas vergrößern (3 l Wasser/100 g Fasern).

3 Das zuvor angefeuchtete und ausgewrungene Färbegut in die Beize geben und gut darin verteilen.
4 Erhitzen und die Temperatur allmählich erhöhen, bis die Beize leise köchelt (90 °C).
5 Regelmäßig behutsam umrühren. Bei Bedarf heißes Wasser nachfüllen, sodass das Färbegut stets reichlich bedeckt ist (»schwimmt«).
6 15 Minuten bis 1 Stunde köcheln lassen. Je größer die Menge des Färbeguts, desto länger muss das Ganze köcheln. Während der gesamten Zeit regelmäßig umrühren.
7 Die Hitzezufuhr ausschalten und die Beize abkühlen lassen.
8 Das Färbegut herausnehmen und auswringen.

REZEPT AUF DER BASIS VON GALLAPFELPULVER ODER EXTRAKTEN ANDERER GERBSTOFFPFLANZEN

- **Empfohlene Menge**
  Je nach Extrakt (Pulver) 10–20 % des Trockengewichts (TG) des Färbeguts
  Zur Bestimmung der benötigten Pflanzenmenge stets das trockene Färbegut wiegen.

1 Die benötigte Menge Extrakt (Pulver) in eine Schüssel geben und mit kochendem Wasser aufgießen.
2 Gründlich umrühren, bis das Pulver sich ganz aufgelöst hat.
3 In einen großen Topf gießen und für das Beizbad mit der benötigten Menge Wasser verdünnen.

Weiter vorgehen wie im Rezept für die Beize aus frischen Blättern beschrieben (Seite 42–43).

- Die Auswahl der Gerbstoffe – hydrolisierbar oder kondensiert – wirkt sich auf die Farbe der gebeizten Fasern aus. Erstere sind eher farblos, Letztere enthalten Farbstoffe, die zu den Farbstoffen der Färberpflanzen hinzukommen und die Farbtöne vertiefen können.
- Das gebeizte Färbegut können Sie nun sofort färben, nachdem Sie es gründlich ausgespült haben. Wollen Sie es erst später färben, lassen Sie es nach dem Beizen einfach trocknen, müssen es dann jedoch vor dem Färben gut ausspülen.

Gerbstoffreiche Pflanzen für alle Fasern

1 • Symplocos

Symplocos gehört zu den Hyperakkumulatoren, also den Pflanzen, die besonders viel Aluminium speichern (siehe Beizpflanzen, Seite 15). Es gibt eine Vielzahl von Symplocos-Arten. Die meisten gedeihen in tropischem oder subtropischem Klima.

Aus reiner Neugier habe ich eine an gemäßigtes Klima angepasste Symplocos-Art, die Saphirbeere (*Symplocos paniculata*), angepflanzt. Da die Pflanze noch sehr jung war, hat sie leider die extreme Trockenheit des Sommers 2022 nicht überstanden.

Aufgrund der hohen Konzentration an organischem Aluminium ist Symplocos eine der Beizpflanzen, mit denen ich beim Ersetzen von Alaun die größten Erfolge erzielt habe, sowohl bei tierischen als auch bei pflanzlichen Fasern.

Symplocos ist außerdem eine Heilpflanze, die in der ayurvedischen Medizin verwendet wird.

Sie »funktioniert« mit allen Färberpflanzen. Besonders empfehle ich sie Ihnen in Kombination mit gelb färbenden Pflanzen aus der Gruppe der flavonoidhaltigen Pflanzen, etwa dem Färberwau oder der Goldrute – Sie erhalten kräftige, leuchtende Gelbtöne. Mit Blauholz erzielen Sie auf Wolle ein ganz besonderes Marineblau.

REZEPT AUF DER BASIS VON SYMPLOCOS (BLÄTTER ODER RINDE)

Symplocos cochinchinensis oder racemosa

- **Verwendete Teile**
  Je nach Symplocos-Art pulverisierte Blätter oder Rinde
- **Empfohlene Menge**
  20–50 % des Trockengewichts (TG) des Färbeguts. Zur Bestimmung der benötigten Pflanzenmenge stets das trockene Färbegut wiegen.
- **Hinweis**
  Symplocos mag kein kalkhaltiges Wasser. Verwenden Sie Regenwasser, weiches Wasser oder alternativ im Handel erhältliches entmineralisiertes Wasser.

Extraktion des Beizstoffes durch Abkochen

1. Das Symplocospulver in einen Kochtopf geben und gut mit Regenwasser bedecken, um das Pulver aufzulösen.
2. Erhitzen. Die Temperatur nach und nach erhöhen, bis das Wasser leise köchelt (90 °C).
3. Regelmäßig umrühren. Bei Bedarf verdunstetes Wasser nachfüllen, sodass das Pulver stets gut aufgelöst ist.
4. Das Ganze mindestens 1 Stunde und bis zu 90 Minuten leise köcheln lassen.
5. Die Hitzezufuhr ausschalten. Den Sud abkühlen lassen.
6. Den lauwarmen Sud durch ein Sieb mit einem Passiertuch abseihen.
7. Den Sud aufbewahren.

- Für eine stärkere Aluminiumoxidkonzentration können Sie mit der einmal ausgekochten Rinde einen zweiten Absud zubereiten und diesen zum ersten geben.
- Die Reste des ausgekochten Symplocospulvers können Sie einfach im Garten kompostieren, vor allem unter Hortensien: Sie werden mit einer schönen Blaufärbung der Blüten belohnt.

Das Beizbad

1. Den Blättersud in einen Topf gießen, der so groß ist, dass das Färbegut locker hineinpasst.
2. Mit Wasser – möglichst Regenwasser – auffüllen, bis ein Verhältnis von etwa 20 Litern Wasser auf 1 kg Färbegut erreicht ist. Bei Fasermengen unter 100 g das Verhältnis etwas vergrößern (3 l Wasser/100 g Fasern).
3. Das zuvor angefeuchtete und ausgewrungene Färbegut in die Beize geben und gut darin verteilen.
4. Erhitzen und die Temperatur allmählich erhöhen, bis die Beize leise köchelt (90 °C).
5. Regelmäßig behutsam umrühren. Bei Bedarf heißes Wasser nachfüllen, sodass das Färbegut stets reichlich bedeckt ist (»schwimmt«).
6. 15 Minuten bis 1 Stunde köcheln lassen. Je größer die Menge des Färbeguts, desto länger muss das Ganze köcheln. Während der gesamten Zeit regelmäßig umrühren.
7. Die Hitzezufuhr ausschalten und die Beize abkühlen lassen.
8. Das Färbegut herausnehmen und auswringen.

- Je nach verwendeter Symplocos-Art haben die gebeizten Fasern nun eine gelbliche oder beigerosa Färbung angenommen. Diese hat keine Auswirkungen auf das spätere Färbeergebnis.
- Das gebeizte Färbegut können Sie nun sofort färben, nachdem Sie es gründlich ausgespült haben. Wollen Sie es erst später färben, lassen Sie es nach dem Beizen einfach trocknen, müssen es dann jedoch vor dem Färben gut ausspülen.

Tipp zum Beizen von Pflanzenfasern

Für eine haltbarere Färbung von Pflanzenfasern empfehle ich Ihnen eine Technik der indischen Färbereien: die Fasern abwechselnd mehrmals durch Gallieren und andere Beizen vorzubereiten. Dies ist zwar etwas mühsam und zeitaufwendig, doch es entstehen sattere und beständigere Farben.

- Konkret bedeutet dies: Nach der Vorbereitung in einem Symplocosbad die Fasern auswringen, gründlich ausspülen und in ein Gerbstoff-Beizbad legen (siehe Beizen mit gerbstoffreichen Pflanzen, Seite 42–43). Etwa 20 Minuten köcheln lassen, die Fasern herausnehmen, auswringen, ausspülen und erneut in das Symplocosbad legen. Wieder etwa 20 Minuten köcheln lassen. Diesen Wechsel der Beizbäder können Sie ein- bis zweimal wiederholen. Durch die Verbindung der Aluminiumionen und der Gerbstoffe entstehen kräftigere Farben.

2 • Grünteeblätter

Die Teepflanze (*Camellia sinensis*) gehört zu den Akkumulatoren, die von Natur aus Aluminium (Al) anreichern. Die Fähigkeit der Pflanze, in ihren Blättern Al-Ionen zu speichern, hängt von diversen Faktoren ab: Bodengeologie, pH-Wert des Bodens, Klima, Anbauweise und Erntezeit.

Studien zur Zusammensetzung von Teeblättern zeigen bei verschiedenen Teeproben beträchtliche Unterschiede hinsichtlich der Konzentration von Metallen wie Aluminium oder Eisen.

Ältere Blätter, wie sie der Ernte im Herbst entsprechen, enthalten mehr organisches Aluminium. Dies betrifft etwa den Bancha-Tee, einen traditionellen japanischen Tee, der als einfache Teesorte gilt und in Japan täglich getrunken wird. Diesen habe ich für meine Versuche verwendet. Sie können ohne Weiteres jeden einfachen klassischen Grüntee aus kontrolliert biologischem Anbau verwenden.

Die übrigen chemischen Bestandteile des Tees sind für das Beizen ebenso nützlich. Der hohe Gehalt an Flavonoiden und vor allem an Catechin-Gerbstoffen dient sowohl zur Färbung als auch zum Gallieren der zu färbenden pflanzlichen Fasern.

REZEPT AUF DER BASIS VON GRÜNTEEBLÄTTERN

Camellia sinensis

- **Verwendete Teile**
  Ganze oder pulverisierte Blätter

- **Empfohlene Menge**
  Getrocknete Blätter: 100 % des Trockengewichts (TG) des Färbeguts
  Zur Bestimmung der benötigten Pflanzenmenge stets das trockene Färbegut wiegen.

Extraktion des Beizstoffes durch Abkochen

1. Die Teeblätter in einen Kochtopf geben und gut mit Wasser (möglichst Regenwasser) bedecken.
2. Erhitzen. Die Temperatur nach und nach erhöhen, bis das Wasser leise köchelt (90 °C).
3. Regelmäßig umrühren. Bei Bedarf verdunstetes Wasser nachfüllen, sodass die Pflanzenteile stets gut bedeckt sind.
4. Das Ganze mindestens 45 Minuten und bis zu 90 Minuten leise köcheln lassen.
5. Die Hitzezufuhr ausschalten. Den Sud abkühlen lassen.
6. Den lauwarmen Sud durch ein Sieb mit einem Passiertuch abseihen.
7. Den Sud aufbewahren.

- Für eine stärkere Konzentration können Sie mit der einmal ausgekochten Rinde einen zweiten Absud zubereiten und diesen zum ersten geben.
- Zum Schluss können Sie die ausgekochten Blätter einfach im Garten kompostieren. Er wird es ihnen danken.

Das Beizbad

1 Den Teesud in einen Topf gießen, der so groß ist, dass das Färbegut locker hineinpasst.
2 Mit Wasser – möglichst Regenwasser – auffüllen, bis ein Verhältnis von etwa 20 Litern Wasser auf 1 kg Färbegut erreicht ist. Bei Fasermengen unter 100 g das Verhältnis etwas vergrößern (3 l Wasser/100 g Fasern).
3 Das zuvor angefeuchtete und ausgewrungene Färbegut in die Beize geben und gut darin verteilen.
4 Erhitzen und die Temperatur allmählich erhöhen, bis die Beize leise köchelt (90 °C).
5 Regelmäßig behutsam umrühren. Bei Bedarf heißes Wasser nachfüllen, sodass das Färbegut stets reichlich bedeckt ist (»schwimmt«).
6 15 Minuten bis 1 Stunde köcheln lassen. Je größer die Menge des Färbeguts, desto länger muss das Ganze köcheln. Während der gesamten Zeit regelmäßig umrühren.
7 Die Hitzezufuhr ausschalten und die Beize abkühlen lassen.
8 Das Färbegut herausnehmen und auswringen.

- Durch die Flavonoide, vor allem das Quercitin, haben die Fasern nun eine gelbliche Färbung angenommen, die das spätere Färbeergebnis verstärkt.
- Das gebeizte Färbegut können Sie nun sofort färben, nachdem Sie es gründlich ausgespült haben. Wollen Sie es erst später färben, lassen Sie es nach dem Beizen einfach trocknen, müssen es dann jedoch vor dem Färben gut ausspülen.

---

3 • Bananenschalen

Beizen mit Bananenschalen – seltsame Idee, werden Sie sagen.

Meine Neugier und meine Suche nach rein pflanzlichen, beständigen Färbungen mit nachwachsenden und leicht verfügbaren pflanzlichen Rohstoffen haben mich dazu gebracht, mit diesem organischen Abfall zu experimentieren – mit ziemlich interessanten Ergebnissen!

Jeder kennt die Bananenstaude aufgrund ihrer essbaren Früchte. Doch in ihren Anbaugebieten wird die gesamte Pflanze mitsamt Stamm und Blättern für weitere Zwecke genutzt. Sie ist sehr faserreich, daher wird die Biomasse zur Herstellung von Seilen, Stoffen oder auch Papier recycelt. In Indien und Südamerika wird der Saft der Bananenpflanze traditionell zum Färben von Baumwolle gebraucht. Diese Verwendung erweckte natürlich mein Interesse. Eine Bananenstaude in den Garten zu setzen, erschien mir jedoch zu kompliziert, auch wenn es einige robustere Arten der Bananenpflanze gibt, die auch in gemäßigtem Klima gedeihen sollen. Daher beschränkte ich mich bei meinen ersten Versuchen auf die Abfälle, die ich zur Verfügung hatte, nämlich die Bananenschalen.

Von den ersten Ergebnissen war ich angenehm überrascht und fand sie ermutigend. Da ich keine wissenschaftliche Ausbildung habe, gehe ich bei meinen Experimenten empirisch vor und versuche zu verstehen, warum Bananenschalen zum Beizen dienen können.

Über die chemische Zusammensetzung von Bananenschalen konnte ich nicht viel herausfinden: Sie sollen bedeutsame Mengen an Gerbstoffen, Proteinen und anderen Aminosäuren (darunter Dopamin) sowie variable Mengen an Spurenelementen wie Kalium enthalten. Die Verwendung von Bananenschalen wird für verschiedene Zwecke empfohlen: als Dünger im Garten, in der Kosmetik (aufgrund ihrer straffenden und pflegenden Eigenschaften) oder auch als Tee mit entspannender Wirkung.

Ich schlage Ihnen eine weitere Möglichkeit zur Verwertung von Bananenschalen vor: die Verwendung als Beizmittel zur Vorbereitung Ihrer Fasern (Wolle, Seide, Baumwolle oder Leinen) zum Färben. Im Laufe meiner Versuche habe ich eine Methode entwickelt, die sicherlich noch perfektioniert werden kann.

Aufgrund ihres hohen Gehalts an Gerbstoffen und Proteinen eignen sich Bananenschalen gut zum Beizen pflanzlicher Fasern. Falls Sie es eilig haben, können Sie sogar auf die Arbeitsschritte des Animalisierens und Gallierens verzichten und dennoch ein zufriedenstellendes Ergebnis erhalten.

Interessant ist dieses Beizmittel in Kombination mit rot färbenden Pflanzen, vor allem dem Färberröten (Krapp). Mit Blauholz erzielt man ein schönes Blau, wenn man die Pflanzenfasern nach dem Färben in Eisenessig mit Natron einweicht.

REZEPT AUF DER BASIS VON BANANENSCHALEN

Musa paradisiaca

- **Verwendete Teile**
  Frische grüne oder gelbe Schalen von Bananen aus kontrolliert biologischem Anbau, sehr klein geschnitten

- **Empfohlene Menge**
  Getrocknete Schalen: 100–200 % des Trockengewichts (TG) des Färbeguts
  Zur Bestimmung der benötigten Pflanzenmenge stets das trockene Färbegut wiegen.

Extraktion des Beizstoffes durch Abkochen

1 Die Bananenschalen mit einer Schere oder einem Messer ganz klein schneiden, in einen Kochtopf geben und gut mit Wasser (möglichst Regenwasser) bedecken.
2 Erhitzen. Die Temperatur nach und nach erhöhen, bis das Wasser leise köchelt (90 °C).
3 Regelmäßig umrühren. Bei Bedarf verdunstetes Wasser nachfüllen, sodass die Pflanzenteile stets gut bedeckt sind.
4 Das Ganze mindestens 45 Minuten und bis zu 90 Minuten leise köcheln lassen.
5 Die Hitzezufuhr ausschalten. Den Sud abkühlen lassen.
6 Den lauwarmen Sud durch ein Sieb mit einem Passiertuch abseihen.
7 Den Sud aufbewahren.

- Für eine stärkere Konzentration können Sie mit der einmal ausgekochten Schale einen zweiten Absud zubereiten und diesen zum ersten geben. Die Beize 24 bis 48 Stunden durchziehen lassen.
- Zum Schluss können Sie die Reste der Bananenschalen einfach im Garten kompostieren. Er wird es ihnen danken.

Das Beizbad

1 Den Absud der Bananenschalen in einen Topf gießen, der so groß ist, dass das Färbegut locker hineinpasst.
2 Mit Wasser – möglichst Regenwasser – auffüllen, bis ein Verhältnis von etwa 20 Litern Wasser auf 1 kg Färbegut erreicht ist. Bei Fasermengen unter 100 g das Verhältnis etwas vergrößern (3 l Wasser/100 g Fasern).
3 Das zuvor angefeuchtete und ausgewrungene Färbegut in die Beize geben und gut darin verteilen.
4 Erhitzen und die Temperatur allmählich erhöhen, bis die Beize leise köchelt (90 °C).
5 Regelmäßig behutsam umrühren. Bei Bedarf heißes Wasser nachfüllen, sodass das Färbegut stets reichlich bedeckt ist (»schwimmt«).
6 15 Minuten bis 1 Stunde köcheln lassen. Je größer die Menge des Färbeguts, desto länger muss das Ganze köcheln. Während der gesamten Zeit regelmäßig umrühren.
7 Die Hitzezufuhr ausschalten und die Beize abkühlen lassen.
8 Das Färbegut herausnehmen und auswringen.

- Die Fasern haben nun eine leicht beigerosa Färbung angenommen, die keine Auswirkung auf das spätere Färbeergebnis hat.
- Wird für die Beize ein Extrakt aus getrockneten Bananenschalen verwendet, nehmen die Fasern einen hübschen Zartrosaton an, der jedoch weniger intensiv ist. Daher empfehle ich Ihnen, frische Schalen zu verwenden.

Das Färben

Sind Ihre Fasern gut vorbereitet und gebeizt, kommt die Farbe ins Spiel – das ist der magischste und spannendste Moment: Zu sehen, wie die Farbe nach und nach von der Pflanze auf die Fasern übergeht, ist immer wieder faszinierend.

In der Regel geschieht das Färben in zwei Schritten: Zuerst erfolgt die Extraktion (= das Ausziehen) der Farbstoffe aus der Pflanze, dann das eigentliche Färben im Färbesud.

Extraktion der Farbstoffe

Dieser Arbeitsschritt dauert mehr oder weniger lang, je nachdem, ob Sie mit selbst gesammelten Pflanzen arbeiten oder mit fertig gekauften, getrockneten Pflanzen oder Extrakten.

Selbst geerntete Pflanzen – ob getrocknet oder frisch – sollten gründlich zerkleinert werden, damit sie möglichst viele Farbstoffe abgeben. Mit einer Garten- oder Astschere, einer Haushaltsschere oder auch einem Häcksler die gesammelten Pflanzen möglichst klein schneiden oder hacken.

Beeren und Früchte werden im Mörser zerdrückt.

Lediglich Blüten wie die des Sonnenhuts können ganz verwendet werden.

Fertig gekaufte Pflanzen aus dem Kräuterhandel oder dem Fachhandel für Pflanzenfärberei sind in der Regel bereits fein zerkleinert oder pulverisiert – diese beiden Formen sind gleichermaßen geeignet.

Am praktischsten sind **fertige Pflanzenextrakte in Pulverform.** Diese sind bereits gebrauchsfertig. Sie müssen das Pulver lediglich in heißes Wasser geben und gut umrühren, bis es ganz aufgelöst ist. Die empfohlene Menge wird vom Hersteller angegeben; in der Regel beträgt sie 5–10 % des Trockengewichts des Färbeguts. Nicht alle Extrakte sind gleich gut: Je nach Herstellungsweise, aber auch je nach Alter gibt es erhebliche Qualitätsunterschiede. Mit der Zeit lernen Sie dies zu beurteilen.

Bei der eigenen Herstellung von Pflanzenextrakten aus klein geschnittenen oder pulverisierten getrockneten oder frischen Pflanzenteilen kann die Extraktionsmethode je nach Art der Pflanze variieren. Das ist wie beim Gärtnern: Es gibt keine allgemeingültigen Regeln; jede Pflanze hat ihre eigenen Bedürfnisse. Dennoch gibt es einige Grundregeln, die je nach Pflanzenart angepasst werden müssen.

1 • Die benötigte Menge an Pflanzenmaterial

Auch wenn es hier wirklich keine festen Normen gibt, existieren doch einige Faustregeln zur Orientierung. Für gewöhnlich sagt man, dass das Gewicht der benötigten Pflanzen dem Trockengewicht des Färbeguts entsprechen sollte.

Je nach Art der verwendeten Färberpflanze muss dieses Verhältnis angepasst werden.

Manche Pflanzen und Färbemittel enthalten einen sehr hohen Farbstoffanteil. Berühmte Beispiele sind Blauholz, Sappanholz oder Färberlack (Lac-Dye) – bei diesen genügen wesentlich geringere Mengen (höchstens 50 %), um sehr intensive, satte Farben zu erzielen.

Bei Wildpflanzen mit geringerem Farbstoffgehalt und bei einigen Blüten, die (aus gutem Grund) keine traditionellen und anerkannten Färberpflanzen sind, werden größere Mengen benötigt. Rechnen Sie mit einer Pflanzenmenge von mindestens 200 %, bezogen auf das Trockengewicht des Färbeguts. Sonst könnten Sie später enttäuscht sein, weil die Farben zu blass werden.

Weit verbreitete Wildpflanzen, die manchmal als invasive Arten gelten, sind daher zu bevorzugen: Japanischer Staudenknöterich, Goldrute, Brennnessel, Brombeere, Gänsefuß, Wilde Möhre, Birke, Robinie (Scheinakazie), Kermesbeere oder Holunder. Mit diesen Pflanzen können Sie färben, ohne der Artenvielfalt zu schaden.

Wenn Sie frische, oft heimische Wild- oder Kulturpflanzen verwenden, müssen Sie bedenken, dass diese von Natur aus viel Wasser enthalten. Daher benötigen Sie eine wesentlich größere Menge: zwischen 400 und 600 % des Trockengewichts des Färbeguts.

2 • Methoden zur Farbstoffextraktion: Mazeration, Abkochen oder Fermentation

Extraktion durch Abkochen

Bei den meisten Pflanzen erfolgt die Farbstoffextraktion durch Abkochen.
Die einzelnen Arbeitsschritte:

- das Pflanzenmaterial in einen Kochtopf geben
- das Pflanzenmaterial mit Wasser bedecken
- erhitzen, nach und nach die Temperatur erhöhen
- während der Kochzeit nach Bedarf verdunstetes Wasser nachfüllen, damit die Pflanzenteile stets gut bedeckt sind
- regelmäßig mit einem Holzlöffel umrühren
- die Hitzezufuhr ausschalten, abkühlen lassen
- den lauwarmen Sud durch ein Sieb mit einem Passiertuch abseihen

Für eine stärkere Konzentration des Extrakts können Sie mit dem einmal ausgekochten und im Passiertuch zurückbehaltenen Pflanzenmaterial einen zweiten Absud zubereiten und abseihen. Dies empfiehlt sich besonders bei Pflanzen mit hohem Farbstoffgehalt, die jedoch sehr zäh und hart sind, etwa Avocadoschalen, Wurzeln, Holzspäne oder auch Holzpulver.

Die Empfehlungen zur Kochzeit, Temperatur und Wasserqualität richten sich nach der jeweiligen Pflanze.

- Kochzeit
  Bei zarten Pflanzenteilen (Blüten und Blätter) genügt es, diese 45 Minuten bis 1 Stunde leise köcheln zu lassen.
  Hölzer und Wurzeln benötigen hingegen eine längere Kochzeit, je nach Menge des Pflanzenmaterials 1 bis 2 Stunden.

- Temperatur
  Von manchen Pflanzen erhält man leuchtendere Farben, wenn die Temperatur 80 °C nicht übersteigt. Dies gilt besonders für Krappwurzeln, die, wenn man sie kocht, schmutzig braun werden.
  Ebenso kann man aus bestimmten jung geernteten, krautigen Pflanzen oder Blättern ein zartes Gelbgrün gewinnen, wenn sie unterhalb des Siedepunkts bleiben, etwa aus Brennnesseln, Feigenblättern, Schafgarbe …
  Gerbstoffreiche Pflanzen hingegen müssen zur Farbstoffextraktion ausgekocht werden. Dies gilt auch für harte Pflanzenteile wie Rinde und Holz, die lange auf kleiner Flamme köcheln müssen.
  Während des Auskochens deutet sich schon der spätere Farbton an: Sie können gut beobachten, wie sich die Farbe Ihres Farbstoffauszugs entwickelt.

- pH-Wert und Wasserhärte
  Dies sind bei einigen Pflanzen entscheidende Kriterien.
  Rhabarber und Kurkuma etwa ergeben in einem saureren Milieu viel kräftigere Gelbtöne. Daher gibt man während der Kochzeit Zitronensaft zu, um einen pH-Wert zwischen 4 und 6 zu erreichen.
  Andere Pflanzen hingegen mögen kein saures Milieu: Der Färberwau ergibt dabei sehr blasse Farben, die Farbtöne von Blauholz werden eher braun und die von Krapp eher orange.
  Bei diesen Arten kann man durch Zusatz von Natron während der Kochzeit das ganze Potenzial der Pflanze ausschöpfen. Falls Ihr Wasser weich ist, kann bei kalkliebenden Pflanzen der Zusatz von etwas Kreide von Vorteil sein.
  Die Erfahrung hat mich gelehrt, wie stark sich beim Pflanzenfärben die Wasserqualität auf die Farbtöne auswirken kann.

Extraktion durch Mazeration (Einweichen)

Um möglichst viele Farbstoffe freizusetzen, müssen einige Pflanzen vor dem Auskochen eine Zeit lang eingeweicht (mazeriert) werden. Dies gilt besonders für Wildblumen, Färberwau, Krappwurzeln, Sappanholz, Kastanienrinde und andere.

Dazu das Pflanzenmaterial in einer großen Schüssel mit lauwarmem Wasser übergießen und mindestens über Nacht oder sogar zwei bis drei Tage ziehen lassen. Dabei verfärbt sich nach und nach das Wasser. Zur weiteren Extraktion können Sie die Pflanzen anschließend auskochen.

Extraktion durch Fermentation

Im Gegensatz zum Mazerieren erfolgt das Fermentieren in saurem Milieu unter Sauerstoffausschluss und mit Regenwasser.

Die Fermentation ist ein komplexer Stoffwechselprozess. In der Pflanzenfärberei kann sie für einige Farbfamilien eine sehr probate Methode sein. Die Hefen und Bakterien, die sich in diesem speziellen Milieu entwickeln, »verdauen« und verwandeln gewissermaßen die Pflanze und setzen dabei Farbstoffmoleküle frei. Dazu wird gleichmäßige milde Wärme benötigt – daher wird diese Art der Farbstoffextraktion auch Solarfärben oder Sonnenfärben genannt. Es ist eine besonders energiesparende Methode, die im Sommer leicht umzusetzen ist. Besonders interessant ist das Fermentieren für alle Pflanzenteile, die reich an Anthocyanen sind wie Beeren, Früchte und Blüten.

Die einzelnen Arbeitschritte:

- das Pflanzenmaterial (Herbstbeeren oder dunkle Beeren, dunkle Blüten von Hibiskus, schwarzen Stockrosen oder auch Schwertlilien) in ein großes Glas geben.
- Etwas Tafelessig (8–14 % Säure) hinzufügen. Manche Färber empfehlen die Zugabe von 10 % Salz wie für eine Lake. Ich persönlich verzichte darauf.
- Wasser hinzufügen, bis alle Pflanzenteile gut bedeckt sind.
- Das Glas luftdicht verschließen (Deckel mit Gummidichtung).
- Das Glas drei bis zehn Tage in der Sonne stehen lassen.
- Darauf achten, dass die Temperatur nicht über 40 °C steigt.
- Das Glas regelmäßig öffnen, damit die entstandenen Gase entweichen können, und gleich wieder verschließen.

Dass die Fermentation beendet ist, erkennen Sie an der intensiv dunklen Farbe der Flüssigkeit.

Nun können Sie die Flüssigkeit filtern und auffangen und anschließend zum Färben verwenden – bei anthocyanreichen Pflanzen ebenfalls bei niedriger Temperatur (nicht über 50 °C). Zu hohe Temperaturen würden das Färbeergebnis verschlechtern.

Wenn Ihr verwendetes Glas groß genug ist, können Sie Ihr zuvor angefeuchtetes, ausgewrungenes und gebeiztes Färbegut auch direkt hineingeben. Ich empfehle Ihnen, dazu tierische Fasern (Wolle oder Seide) zu verwenden, die Sie mit einer oxalsäurereichen Pflanze gebeizt haben.

DAS FARBBAD

Wenn Sie das Färbegut gebeizt und einen Farbstoffauszug hergestellt haben, ist der ersehnte Augenblick gekommen: Nun wird gefärbt.

1 Den Farbstoffauszug in einen Kochtopf gießen, der die benötigte Wassermenge und das Färbegut fasst. Mit Wasser aufgießen. Zur Erinnerung: Auf 1 kg Färbegut verwendet man in der Regel 20 Liter Wasser. Dies ist das Farbbad (auch Färbeflotte oder Färbesud). Die Flotte zunächst erhitzen.

- Wenn Sie Wolle im Strang färben, knoten Sie die Stränge mit einem Faden an vier Stellen zu einer 8 zusammen (nicht zu fest, aber auch nicht zu locker), damit sie sich nicht verheddern. Am besten eignen sich Töpfe, die weniger breit als hoch sind. Färben Sie hingegen Stoff, sind breitere, flachere Töpfe geeigneter. So können Sie den Stoff besser darin ausbreiten.

2 Das Färbegut in einer Schüssel mit lauwarmem Wasser anfeuchten und in die Färbeflotte geben. Bei Stoff ist es wichtig, diesen vorsichtig einzutauchen und gut auseinanderzufalten.

Enthält die Flotte sehr viele Farbstoffe, nimmt das Färbegut rasch Farbe an. Für eine möglichst gleichmäßige Färbung ist es daher wichtig, von Anfang an behutsam und regelmäßig im Topf zu rühren.

3 Langsam die Temperatur erhöhen, dabei weiterhin stets gleichmäßig mit einem Holzlöffel rühren.

- Die bei der Herstellung des Farbstoffauszugs genannten Angaben zur Kochzeit und zum pH-Wert gelten auch für die Färbeflotte. Bei einer Krappflotte liegt der pH-Wert also unter 7, das Wasser muss leicht kalkhaltig sein und die Temperatur der Flotte darf höchstens 80 °C betragen. Bei einer Zwiebelschalenflotte liegt der pH-Wert um 8, und man lässt sie lange köcheln (90 °C). Bei einem Rhabarbersud ist der pH-Wert eher niedrig (sauer), und die Temperatur wird langsam bis zum Köcheln (90 °C) erhöht.

- Noch einmal: Alles hängt von der Zusammensetzung der Pflanze ab. In einem bestimmten Milieu, das durch den pH-Wert, die Wasserqualität und die Temperatur der Färbeflotte definiert wird, können die Farbstoffe sich günstiger entfalten.
- Je nach Art der verwendeten Fasern sind einige weitere Punkte zu beachten. Wolle verträgt kein zu alkalisches Wasser. Daher empfehle ich Ihnen, sparsam mit basischen Zusätzen wie Natron umzugehen, damit der pH-Wert 8 nicht übersteigt. Wolle liebt ein saures Milieu. Pflanzenfasern hingegen vertragen sehr gut höhere pH-Werte, und auch die Farben entwickeln sich auf ihnen in basischem Milieu besser.
- Was die Temperatur betrifft, so kann Wolle ebenso wie Leinen, Baumwolle und andere Pflanzenfasern gekocht werden, solange die Temperatur langsam ansteigt. Zur Erinnerung: Wolle schrumpft und verfilzt nicht durch die Hitze, sondern durch abrupte Temperaturwechsel von heiß zu kalt. Bei Seide hingegen sollte die Temperatur maximal 70 °C betragen, da sonst die Fasern angegriffen werden. Seide lässt sich jedoch sehr gut lauwarm oder sogar kalt färben.

4 Wenn Sie denken, dass Ihr gewünschter Farbton erreicht ist, schalten Sie die Hitzezufuhr aus und lassen Sie den Färbesud abkühlen.
5 Nach dem Abkühlen das Färbegut aus dem Sud nehmen und auswringen.

Voilà – ihre Fasern sind fertig gefärbt. An diesem Punkt haben Sie zwei Möglichkeiten:

- Entweder gefällt Ihnen die Farbe und Sie betrachten den Färbevorgang als beendet. In diesem Fall lassen Sie das Färbegut ohne direkte Sonneneinstrahlung trocknen. Wenn es trocken ist, können Sie es waschen.
- Oder sie möchten den Farbton noch intensivieren oder verändern. Dann geht es an die Nachbearbeitung.

Die Nachbearbeitung

Mit diesen fakultativen Arbeitsschritten können Sie Ihre Farbtöne vertiefen und die Farbpalette erweitern, entweder durch Überfärben oder durch ein Bad in Eisenessig.

1 • Überfärben

Das Überfärben besteht in einem zweiten Farbbad und ist besonders bei Grüntönen von Vorteil.

Pflanzen, mit denen man direkt einen grünen Farbton erzielt, sind tatsächlich selten. Rotes Weinlaub kann eine zartgrüne Nuance ergeben, wenn die Blätter zeitig zu ihrer Saison geerntet und nicht über 70 °C erhitzt werden. Auch manche Wildpflanzen wie Brennnesseln oder Schafgarbe färben zartgrün, sofern sie jung geerntet und nicht über den Siedepunkt erhitzt werden.

Zu erwähnen ist, dass im Handel für Pflanzenfarbstoffe ein Chlorophyllextrakt auf der Basis von Luzerne oder von Maulbeerblättern erhältlich ist. Dieses ist zwar teuer, färbt jedoch wirklich intensiv grün. Ich habe es mit verschiedenen Beizpflanzen ausprobiert und dabei stets mehr oder weniger denselben Farbton erzielt.

Sehr schöne Grüntöne erhält man auch durch Überfärben mit Indigo. Auf ein erstes Farbbad mit einer gelb färbenden Pflanze folgt ein zweites Bad in einer Indigoküpe – so lässt sich eine ganze Palette von Grüntönen erzielen. Die Nuancen variieren je nach der gewählten gelb färbenden Pflanze und der Indigokonzentration der Küpe.

Umgekehrt geht es auch: zuerst blau färben, dann gelb. Dabei entstehen wieder andere Grüntöne. Eine bereits ausgelaugte Indigoküpe kann noch gut zur Vertiefung Ihrer Farben dienen.

Die zweite Färbeflotte darf eine geringe Farbstoffkonzentration haben und bewirkt dadurch eine ganz dezente Vertiefung der ursprünglichen Farbe. Auch das ist interessant. So kann man mit den Nuancen spielen – mit einer Kombination aus gelb und rot färbenden Pflanzen kann man zum Beispiel eine ganze Reihe von Orangetönen erhalten.

Daher empfehle ich Ihnen, Ihre Färbeflotten nach dem Färben noch eine Weile aufzubewahren, bevor Sie sie kompostieren, denn sie können immer noch dazu dienen, einen neuen Farbton hervorzuzaubern.

Lassen Sie Ihrer Kreativität freien Lauf und verwenden Sie zum Nachfärben mehrere Reste von Färbeflotten hintereinander. Wie früher die alten Wände durch die Zeit und das häufige Überstreichen ihre Patina erhielten, so gewinnen auch Ihre Farben an Tiefe und subtilen Nuancen.

Einige Punkte gilt es dabei zu beachten.

Wenn Sie Wolle färben, muss die Indigoküpe sich für tierische Fasern eignen (keine Küpe mit Eisensulfat). Außerdem müssen die verschiedenen Färberpflanzen hinsichtlich des pH-Werts ähnliche Voraussetzungen haben. Um mit Blauholz, das kein saures Milieu verträgt, Grüntöne zu erzielen, ergänzt man es eher mit Färberwau, der wie das Blauholz ein alkalisches Farbbad mag, und nicht mit Rhabarber, der in zu basischem Milieu seine Leuchtkraft verliert.

Kurz, es empfiehlt sich, Pflanzen mit gleichen Bedürfnissen zu kombinieren.

2 • Abtönen (Nuancieren) mit Eisen

Die Verwendung von Eisen empfehle ich nur für pflanzliche Fasern. Auch wenn Wolle und Seide eine schwache Eisenacetatlösung vertragen können, da diese weniger korrosiv ist als Eisensulfat, verzichte ich bei tierischen Fasern lieber auf Eisen, damit die Fasern keinesfalls angegriffen werden. Eisen verwende ich also nur für pflanzliche Fasern, um Farbtöne abzudunkeln oder abzutönen, etwa hin zu Grüntönen, Schwarzgrau, Blaugrau, Brauntönen …

Eisen reagiert rasch und kann nicht zu entfernende Flecken verursachen. Daher muss man sehr sorgfältig damit umgehen und darf die dafür benutzten Utensilien für nichts anderes verwenden.

Durch Reaktion von Eisen mit gerbstoffreichen Pflanzen kann man eine ganze Palette farbig nuancierter Schwarzgrautöne erzielen. Auch mit anderen Farbstoffen reagiert Eisen und verleiht den Farben einen Grünstich. Mit manchen Pflanzen kann man auch sehr schöne Blautöne erhalten.

· Herstellung von Eisenessig

500 ml Tafelessig (Säuregehalt am besten 14 %) in ein Glas füllen und ein Stück Stahlwolle, Eisennägel oder auch Eisenspäne aus rostendem Eisen hineingeben. Nach Bedarf bis zum Glasrand mit Wasser auffüllen. Das Glas verschließen. Nach etwa einer Woche erhalten Sie eine Flüssigkeit, die mit der Zeit zunehmend orange wird. Dies ist Eisenacetat, auch Eisenessig oder Rostessig genannt. Mit einer kleinen Menge davon können Sie Ihre Farbtöne verändern.

· Abtönen mit Eisenessig

Zum Abtönen das Färbegut in den aus dem Glas entnommenen Eisenessig tauchen. Mit Wasser auffüllen, sodass das Färbegut bedeckt ist. Zum Anfassen des Stoffs Handschuhe anziehen. Gut aufpassen, der Farbton verändert sich sehr schnell: Meist genügen wenige Minuten. Sobald der gewünschte Farbton erreicht ist, den Stoff herausnehmen, sofort mit klarem Wasser auswaschen und im Schatten trocknen lassen.

Je eisenhaltiger Ihr Eisenessig ist, desto rascher schlägt der Farbton um.

3 • Waschen

Das Waschen ist der letzte Arbeitsgang.

An diesem Punkt stellt sich für alle, die färben, die gleiche Frage: Hält die Farbe? Wenn man einige Regeln beachtet (siehe »Tipps zum Waschen«, Seite 61) und alle Arbeitsschritte korrekt durchgeführt wurden, ist die Pflanzenfärbung waschecht.

Bevor Sie mit dem Pflanzenfärben beginnen, sollten Sie bedenken, dass die Beständigkeit der Färbung auch von der verwendeten Pflanze abhängt und dass manche Farbtöne mit der Zeit verblassen können – ebenso wie synthetische Farben nach etlichen Wäschen an Leuchtkraft verlieren.

Das Pflanzenfärben ist ein ganz eigener Ansatz, bei dem man das Herz für die Pflanzen öffnet. Man lernt dabei viel über sie. Mit der Zeit und der Erfahrung wählt man die Pflanzen je nach Art der Textilien aus, die man färben möchte. Für Stoffe, die strapaziert werden, also etwa UV-Strahlen und häufiges Waschen aushalten müssen, verwendet man Pflanzen, die für die Beständigkeit ihrer Farben bekannt sind, und kombiniert sie mit gerbstoffreichen Pflanzen, um die Haltbarkeit der Farben noch zu verbessern.

Und sollten die Farben eines Tages verblassen, hindert Sie nichts daran, Ihre Textilien erneut zu färben, entweder mit der gleichen Pflanze oder mit einer anderen, um den Farbton abzuwandeln. Ich verpasse meiner Kleidung regelmäßig ein neues Farbbad, weil es so viel Spaß macht, die Farben meiner Garderobe zu verändern.

· Tipps zum Waschen

Besonders sollten Sie beim Waschen auf die Wasserqualität und die Art des verwendeten Waschmittels achten.

Zum Waschen verwendet man pH-neutrales Wasser. Dies ist bei Leitungswasser in der Regel der Fall. Wie bereits erläutert kann sich der pH-Wert je nach Pflanzenart auf die Farben auswirken; daher rate ich Ihnen, zum Waschen weder Tafelessig noch Natron oder Waschmittel auf Sodabasis zu verwenden. Ein ökologisches (möglichst seifenfreies) Feinwaschmittel eignet sich sehr gut. Einige Tropfen seifenfreies Bio-Babyshampoo sind ideal für Wolle.

Hinsichtlich der Temperatur muss man bei Wolle vorsichtig sein. Wolle und Wollwaren von Hand in lauwarmem Wasser (30 °C) waschen. Dabei nicht reiben, um die Fasern nicht zu beschädigen. Einfach einige Minuten einweichen und mit ebenso lauwarmem Wasser ausspülen. Wolle verträgt keine Temperaturschocks von warm zu kalt – dies lässt sie verfilzen. Die Wollwaren in einem Frottierhandtuch ausdrücken und trocknen lassen.

Pflanzliche Fasern sind unempfindlicher und können problemlos mit passendem ökologischem Waschmittel in der Maschine gewaschen werden.

Beim Waschen können die Pflanzenfarben ausbluten, vor allem bei sehr farbstoffhaltigen Pflanzen. Das ist normal und beeinflusst weder die Qualität noch die Beständigkeit der Färbung.

Problematischer ist es, wenn die Farbe sich beim Waschen vollständig auswäscht. In diesem Fall wurde entweder nicht ausreichend gebeizt, sodass die Fasern nicht genügend vorbereitet waren, oder das Pflanzenextrakt enthielt zu wenige Farbstoffe. An Zellulosefasern wie Leinen oder Baumwolle haftet die Farbe generell geringer, sodass man dabei eher solche Enttäuschungen erlebt. Sie können sie jedoch immer noch nachfärben oder mit Eisenessig abtönen.

DAS FÄRBEN: ÜBERSICHT ÜBER DIE ARBEITSSCHRITTE UND NOTWENDIGEN MASSNAHMEN

- Für alle Fasern
- Nur für Pflanzenfasern
- Nur für tierische Fasern

SCHRITT 1 · DAS WIEGEN
Zuallererst muss das Färbegut trocken gewogen werden. Anhand des Trockengewichts (TG) werden die benötigte Menge an Pflanzen für die einzelnen Schritte des Färbens sowie die benötigte Wassermenge für das Beizbad und die Färbeflotte berechnet.

SCHRITT 2 · VORBEREITUNG DER FASERN
WASCHEN Je nach Art und Beschaffenheit der Fasern werden diese einfach gewaschen (Wolle), entbastet (Rohseide) oder auch gebeucht (Pflanzenfasern). Bei Fasern mit der Bezeichnung »färbefertig vorbereitet« erübrigt sich dieser Schritt. »ANIMALISIEREN« DER FASERN Fakultativer Arbeitsschritt, durch den das Anhaften der Pflanzenfarben an Zellulosefasern verbessert wird. Dazu werden die Fasern in einer warmen proteinreichen Flüssigkeit eingeweicht: Hühnerweiweiß in der dreifachen Menge Wasser, Sojamilch, Schafmilch. Die Fasern an der Luft trocknen lassen.

SCHRITT 3 · BEIZEN DER FASERN
Das Beizen erfolgt in zwei Arbeitsgängen. Bei den Pflanzen, die Direktfarbstoffe enthalten, kann dieser Schritt entfallen.
1 · HERSTELLUNG DES BEIZEXTRAKTS AUF PFLANZENBASIS
Welche Pflanze verwendet wird, hängt von dem verfügbaren Pflanzenmaterial und/oder der Art des Färbeguts ab. »Universal«-Beizpflanzen: Symplocos, Grüntee, Bananenschalen. Oxalsäurereiche Pflanzen: Blätter von Rhabarber, Rüben, Ampfer oder Japanischem Staudenknöterich, Birkenrinde. Gerbstoffreiche Pflanzen: Galläpfel, Tarapulver, Sumach, Esskastanie, Katechu ... Für kräftigere Farben gerbstoffreiche Beizbäder und Symplocos oder Aloe-Vera-Bäder mehrfach abwechselnd anwenden.

2 · DAS BEIZBAD

Benötigte Wassermenge für das Beizbad: 20 Liter Wasser auf 1 kg Färbegut (TG). Bei kleinen Mengen (100–200 g TG) das Verhältnis vergrößern (3 l Wasser/100 g TG). Das zuvor angefeuchtete Färbegut in das Beizbad tauchen und gut darin ausbreiten. Erhitzen, dabei nach und nach die Temperatur erhöhen. Während der gesamten Dauer des Beizens regelmäßig umrühren.
Das Färbegut auswringen und trocknen lassen. Es kann nun zur späteren Verwendung aufbewahrt oder zur sofortigen Verwendung gut ausgespült werden.

Seide wird stets kalt gebeizt, also ohne Erhitzen des Beizbads.

SCHRITT 4 · DAS FÄRBEN

Das Färben erfolgt in zwei Arbeitsgängen.

1 · HERSTELLUNG DES FÄRBERPFLANZENEXTRAKTS

Der Extrakt wird durch Abkochen hergestellt. Temperatur und Kochzeit hängen von der Art des verwendeten Pflanzenmaterials ab: Blüten, Blätter, Holz oder Wurzeln. Bei manchen Pflanzen erfolgt der Farbstoffauszug in basischem Milieu (alkalischer pH-Wert).

2 · DAS FARBBAD

Benötigte Wassermenge für das Beizbad: 20 Liter Wasser auf 1 kg Färbegut (TG). Bei kleinen Mengen (100–200 g TG) das Verhältnis vergrößern (3 l Wasser/100 g TG). Je nach Pflanze ist das Farbbad eher sauer oder eher alkalisch.
Das zuvor angefeuchtete Färbegut in den Färbesud tauchen und gut darin ausbreiten. Erhitzen, dabei nach und nach die Temperatur erhöhen. Während der gesamten Dauer des Färbens regelmäßig umrühren.
Das Färbegut auswringen.

SCHRITT 5 · DAS ABTÖNEN ODER ÜBERFÄRBEN

Fakultativer Arbeitsschritt, durch den man einen Farbton verändern oder vertiefen kann.

VERÄNDERUNG EINES FARBTONS DURCH EISEN
Das Färbegut in Eisenessig einlegen. Sobald der gewünschte Farbton erreicht ist, das Färbegut mit klarem Wasser ausspülen.

VERTIEFEN EINES FARBTONS
Das angefeuchtete und ausgewrungene Färbegut entweder in den Rest eines anderen Farbbads geben, um die Nuancen der Fabe zu vertiefen, oder das Färbegut für verschiedene Grün- und Violetttöne in eine Indigoküpe geben.

SCHRITT 6 · WASCHEN

Ist das Färben abgeschlossen, wird das Färbegut ohne direkte Sonneneinstrahlung getrocknet und am besten mit pH-neutralem Wasser und ökologischem seifenfreiem Waschmittel gewaschen.

EIN GANZ BESONDERES VERFAHREN
FÄRBEN MIT INDIGO

Was ist Indigo? Eine Farbe, werden Sie sagen. Indigoblau ist eine Farbe, die man sofort wiedererkennt. Eine Farbe mit einer langen Geschichte. In der römischen Antike galt Blau als Farbe der Barbaren und der Ausländer. In unseren westlichen Kulturen ist es heute weithin die Lieblingsfarbe. Dazu hat die Blue Jeans aus indigogefärbter Baumwolle wesentlich beigetragen. Dem Historiker Michel Pastoureau zufolge ist es »die seriöseste Farbe von allen«, sie symbolisiert Harmonie und Freiheit. In alledem spielen die Kultur und die Geschichte eine entscheidende Rolle.

Wenn diese Farbe so symbolhaft aufgeladen ist, liegt das sicherlich auch daran, dass zu allen Zeiten und an allen Orten auf der Welt blau gefärbt wurde – dank des Indigo.

Indigo selbst ist keine Pflanze, sondern ein organisches Pigment, das durch verschiedene chemische Reaktionen aus Pflanzen gewonnen wird und mit dem Fasern direkt in licht- und waschechtem Blau gefärbt werden kann. Dies soll eine zufällige Entdeckung gewesen sein: ein Tee aus Pflanzen der Gattung Indigofera, der hübschen blauen Schaum auf einer grünen Flüssigkeit gebildet haben soll, markiert möglicherweise den Beginn der Geschichte der Indigofärberei.

Indigo, ein unlösliches Farbpigment

In der Pflanzenfärberei wird Indigo gewöhnlich von anderen Pflanzenfarbstoffen unterschieden. Dies hat mindestens zwei Gründe.

Erstens ist Indigo ein Pigment, das keinen Beizstoff benötigt. Mit anderen Worten, es ist nicht notwendig, das Färbegut vor dem Färben zu beizen. Indigo haftet direkt der Faser. Dies ist jedoch nicht seine Besonderheit, denn Direktfärbungen ohne Beize sind auch mit anderen Pflanzen möglich: Avocado (Seite 106), Zwiebel (Seite 111), Kurkuma (Seite 114).

Indigo unterscheidet sich vor allem durch zwei spezifische Eigenschaften von allen anderen Pflanzenfarben: Erstens existiert Indigo nicht als solcher in den sogenannten »Indigo-Pflanzen«. Diese enthalten lediglich Moleküle der Stoffe Indikan und Isatan B, Glykoside, aus denen infolge einer chemischen Reaktion nach Zerkleinerung, Mazeration und Oxidation eine weitere chemische Verbindung entsteht, das Indigo-Pigment. Daher werden in der Chemie Indikan und Isatan B als »Indigo-Vorstufen« bezeichnet.

Die zweite wesentliche Besonderheit ist, dass der so gewonnene Indigo kein Farbstoff ist, sondern ein Pigment. Im Unterschied zu Farbstoffen, die stets wasserlöslich sind, ist ein Pigment unlöslich, bildet also mit einer Flüssigkeit eine Suspension. Daher ist es notwendig, das Pigment in eine wasserlösliche Form zu überführen, damit es am Färbegut anhaftet. Dazu ist eine weitere chemische Reaktion erforderlich, die Reduktion, die in einem Gärbottich, der sogenannten Küpe stattfindet, und zwar in basischem Milieu und unter geringer Sauerstoffzufuhr. Diesen Vorgang nennt man Verküpen, der Indigo wird daher auch als »Küpenfarbstoff« bezeichnet. Dazu später mehr.

Vereinfacht lässt sich das Ganze folgendermaßen zusammenfassen:

Aus Färberpflanzen werden durch Abkochen wasserlösliche Farbstoffe extrahiert: Quercetin aus der Zwiebel, Luteolin aus dem Färberwau, Alizarin aus dem Krapp (Färberröte) … Diese Moleküle färben das Wasser des Färbesuds, in den man das Färbegut gibt. Dies ist das Prinzip des Farbbads.

Aus den Indigo-Pflanzen wird durch einen etwas aufwändigeren Prozess als durch einfaches Abkochen ein Pigment extrahiert. Dieses intensiv blaue Indigopigment, auch Indigotin genannt, wird in einer alkalischen, sauerstoffarmen Lösung verküpt (wasserlöslich gemacht). So entsteht die Indigoküpe. Zum Blaufärben genügt es, das Färbegut in diese Küpe zu tauchen und anschließend der Luft auszusetzen.

Das ist der Zauber von Indigo! Kräftig grüne Blätter werden durch eine Reihe chemischer Reaktionen verwandelt, und durch einfaches Eintauchen in die Küpe erhält man quasi im Handumdrehen einen Stoff in Indigoblau – dem berühmtesten Blau aller Zeiten.

Dies erklärt den besonderen Reiz von Indigo: Er ist geheimnisvoll und lässt einen staunen. Wer hätte vermutet, dass auch in den Blättern einer hübschen, gelb blühenden Pflanze aus der Familie der Kreuzblütler, dem Färberwaid (Isatis tinctoria), dieses blaue Gold verborgen liegt?

Wie gewinnt man aus den Blättern der Indigo-Pflanzen das Indigopigment?

Zu diesem Thema gibt es reichlich Literatur, in der die althergebrachten Methoden erläutert werden. Diese variieren je nach Pflanze und sind teils sehr ausgefeilt, etwa die japanische Indigofärberei, bei der Indigoblätter in einer bestimmten Dosierung kompostiert werden, sodass man konzentriertes Indigo erhält. Ich gehe hier nur auf die bekanntesten Verfahren ein.

Indigo-Extraktion durch Mazeration

Für das einfachste und sicherlich als Erstes erprobte Verfahren werden frische Blätter von Färberknöterich oder Färberwaid verwendet.

Die Ethnologin Anne Varichon legt die einzelnen Schritte dar: »Zum Färben von 500 g Wolle, Seide, Leinen oder Baumwolle 500 g frische Blätter mit 4 l kochendem Wasser überbrühen und das Ganze auf 50 °C abkühlen lassen. Einen Tag lang auf dieser Temperatur halten. Die in den Blättern enthaltenen Enzyme, die durch die ebenfalls auf den Blättern vorhandenen Bakterien freigesetzt werden, bewirken die Hydrolyse der Indigo-Vorstufen. Sobald sich auf der Oberfläche der Flüssigkeit Schaum bildet (ein Zeichen der Gärung), 6 g Löschkalk zugeben und umrühren. Die Temperatur der Küpe noch 3 Stunden auf 50 °C halten, regelmäßig umrühren. Nun den angefeuchteten Stoff hineinlegen, einige Minuten in der Küpe lassen, herausnehmen und an der Luft ausbreiten. Den Vorgang wiederholen, bis der gewünschte Farbton erreicht ist.«

Falls in Ihrer Nähe Färberwaid wächst, wäre es vielleicht reizvoll, dieses sehr einfache Verfahren zum »Blaumachen« einmal auszuprobieren.

Obwohl sie so einfach ist, wurde diese Methode aufgrund ihrer Nachteile bald aufgegeben: sehr blasse Farbtöne und langes wiederholtes Einlegen des Färbeguts.

Sehr bald wurden ausgefeiltere Verfahren entwickelt, mit der man eine höhere Indigokonzentration erzielte.

Indigo-Extraktion durch Kompostieren

Dieses Verfahren ist bereits seit der Antike bekannt und wird bis heute angewendet. Die Blätter von Färberwaid werden zerkleinert, getrocknet und kompostiert. Um den Handel zu erleichtern, werden sie zu kleinen Kugeln (Waidkugeln oder Blaukörner) gepresst und getrocknet, anschließend zu Pulver oder Granulat (in Frankreich Agranat genannt) weiterverarbeitet. In Japan existiert unter dem Namen Sukumo ai ein ganz ähnliches Verfahren mit Knöterichblättern.

Durch das Kompostieren wird das organische Material konzentriert, und durch die Aktivität der Mikroorganismen wird der Indigo extrahiert – es entsteht ein regelrechter »Indigo-Sauerteig«.

Diese Arbeitsweise wird noch heute von den Indigo-Meistern praktiziert, die diese alte Tradition und Handwerkskunst bewahren.

Es gibt noch ein letztes Verfahren zur Extraktion des Pigments – es wurde im 18. Jahrhundert entdeckt und wird heute von den meisten Indigoproduzenten angewendet: Aus frischen Blättern erhält man damit schneller und einfacher als durch Kompostieren ebenso konzentriertes Indigo.

Extraktion durch Ausfällung (Präzipitation)

Die frisch geernteten Blätter werden in großen Trögen mit heißem Wasser fermentiert. Die Flüssigkeit wird abfiltriert und anschließend mit etwas Löschkalk geschlagen, um sie mit Sauerstoff zu versetzen. Durch diese »Belüftung« wird das Indoxyl – die Indigo-Vorstufe aus dem Pflanzensaft – in Form von Indigoflocken ausgefällt. Dieses Indigopigment setzt sich auf dem Boden des Trogs ab, da es unlöslich ist. Nun wird es abfiltriert und getrocknet.

Das im Handel als blaues Pulver erhältliche Indigopigment wird auf diese Weise gewonnen.

Um färben zu können, muss das Indigoferment nun noch löslich gemacht werden.

Dies geschieht durch Ansetzen der Indigoküpe.

Das Verküpen: Umwandlung von Indigo in wasserlöslichen Farbstoff

Um mit Indigo färben zu können, muss er in eine wasserlösliche Form gebracht werden.

Zum Ansetzen einer Indigoküpe gibt es unzählige Rezepte. Jeder auf Indigo spezialisierte Färbermeister hat dazu seine Geheimnisse und seinen Erfahrungsschatz. Denn bei Indigo genügt das Rezept allein nicht. Es kann uns bei den ersten Schritten anleiten, danach müssen wir durch Erfahrung und Beobachtung hinzulernen. Manchmal tasten wir uns dabei nur langsam voran, doch auch dabei machen wir Fortschritte.

Eine Indigoküpe ähnelt ein wenig dem, was für den Bäcker der Sauerteig oder für den Bierbrauer der Sud ist: Sie »lebt«. Mit der Zeit lernt man, sie am Aussehen und am Geruch zu erkennen – manche testen sogar den Geschmack (das geht natürlich nur, solange keine Chemikalien zugesetzt wurden).

Trotz ihrer Unterschiede haben alle Küpenrezepte zwei Gemeinsamkeiten:

- ein basisches Milieu
- ein sauerstoffreduziertes Milieu

Zwei Grundvoraussetzungen zur Umwandlung des Indigopigments in wasserlöslichen Indigofarbstoff.

Es ist ein basisches Milieu erforderlich, der pH-Wert muss also zwischen 9 und 12 liegen. Dies erreicht man durch Zusatz von Pottasche, Soda oder Kalk. Am einfachsten ist die Verwendung von gelöschtem Luftkalk (Weißkalkhydrat).

Das Milieu muss zudem sauerstoffarm sein, das heißt, dank eines Reduktionsmittels wird Sauerstoff entzogen. Für eine natürliche Küpe empfehle ich Ihnen zwei Reduktionsmittel: ein metallisches, das Eisen, und ein Reduktionsmittel pflanzlichen Ursprungs, Fruchtzucker (Fructose) oder Henna. Es gibt noch zahlreiche weitere.

Ansetzen einer Indigoküpe

Für Indigoküpen gibt es zahlreiche Rezepte. Hier finden Sie die Rezepturen, die ich verwende und die meiner Ansicht nach relativ einfach herzustellen sind. Meine Ratschläge sind also nicht der Weisheit letzter Schluss, sondern beruhen auf meiner persönlichen Erfahrung.

Ich stelle Ihnen zwei Küpenarten vor:

- eine warme Küpe für alle Fasern, mit Henna oder Fruchtzucker
- eine kalte Küpe nur für Pflanzenfasern, mit Eisen

Beides sind umweltfreundliche, natürliche Küpen.

Benötigte Mengen: zwei Grundregeln

In der Regel wird in der Pflanzenfärberei die Pflanzenmenge durch das Trockengewicht des Färbeguts bestimmt. Bei Indigo bestimmt die Wassermenge der Küpe, wie viel Indigo benötigt wird.

Dabei gilt folgende Faustregel: Man verwendet 3–5 Gramm Indigo auf 1 Liter Wasser. Für eine 5 Liter-Küpe benötigt man also 15 Gramm Indigo. Wenn Sie sehr kräftige Farben wünschen, können Sie die Menge bis auf 20 Gramm erhöhen. Das Wasser der Küpe ist gewöhnliches Wasser; Leitungswasser eignet sich sehr gut.

Die Indigomenge bestimmt die Menge der weiteren Zutaten der Küpe.

Laut dem Färbermeister Michel Garcia, bei dem ich gelernt habe, gibt es eine einfache Eselsbrücke: »1, 2, 3«. Das bedeutet:

- ein Teil Indigo
- zwei Teile Kalk
- drei Teile Reduktionsmittel

Die im Folgenden vorgestellten Rezepte beziehen sich auf eine 5-Liter-Küpe, die kleinstmögliche Menge. Bedenken Sie jedoch: Je größer die Menge Ihrer Küpe ist, desto länger ist sie gemäß dem Prinzip der Massenträgheit haltbar.

Die benötigten Mengen für größere Küpen können Sie mithilfe dieser Regeln leicht selbst berechnen.

Benötigtes Material

- Waage
- Thermometer
- pH-Indikatorpapier
- sehr dicht schließendes Gefäß aus Plastik oder Glas (mindestens 2 Liter Inhalt)
- großer Plastikeimer
- für eine warme Küpe: Gefäß, um die Küpe im Wasserbad zu erhitzen, oder ein schmaler, hoher Edelstahl-Kochtopf (mindestens 5 Liter Inhalt)
- Gas- oder Spirituskocher oder Kochplatte
- Holzlöffel und Holzstab
- Plastikschüsseln oder -eimer
- kleiner Edelstahl-Kochtopf oder Stieltopf
- Küchensieb und Passiertuch
- Handschuhe und Schürze
- Gitterrost

Zutaten

Für alle Rezepte:

- Indigo-Pigment in Pulverform
- gelöschter Kalk (Weißkalkhydrat, erhältlich im Baumarkt)
- Soda oder Natron
- Tafelessig
- Je nach Rezept:
- Fruchtzucker für eine Fructoseküpe
- Hennapulver (Lawsonia inermis) für eine Hennaküpe
- Eisensulfat (grünes Pulver) für eine Eisenküpe

Henna-Küpe

Für eine 5-Liter-Küpe:

- 20 g Indigo-Pigment
- 40 g gelöschter Kalk
- 60 g Henna

1. Das Hennapulver in einem Edelstahl-Kochtopf mit 1,5 Litern Wasser erhitzen. Mindestens 10 Minuten kochen lassen, bis das Henna sich am Boden absetzt.
2. Inzwischen in einem Plastikeimer im Wasserbad (dabei sicherheitshalber ein Tuch unter den Eimer legen) oder in einem großen Edelstahltopf 4 bis 5 Liter Wasser erhitzen. Bei 70 °C die Hitzezufuhr ausschalten.
3. Den Indigo und den Kalk in das verschließbare Gefäß aus Plastik oder Glas geben. Gut verschließen und einige Minuten kräftig schütteln (so ähnlich wie Maracas), damit sich alles gut vermischt.
4. Den heißen Hennasud filtrieren und vorsichtig direkt in die Kalk-Indigo-Mischung gießen. Behutsam mit einem Holzlöffel umrühren.
5. Die entstandene Flüssigkeit (die an der Oberfläche dunkelblau, darunter gelb ist) vorsichtig in das zuvor auf 70 °C erhitzte Wasser gießen. Damit dabei kein Sauerstoff hineinkommt, das Gefäß möglichst dicht an die Wasseroberfläche halten und langsam gießen. Falls im Gefäß ein Bodensatz verbleibt, erneut etwas heißes Wasser einfüllen und den Vorgang wiederholen.
6. Die Küpe mit dem Holzstab umrühren; dabei in der Mitte kräftig rühren, sodass ein Strudel entsteht und die Küpe bewegt wird wie in einer Zentrifuge.
7. Ruhen lassen. Schritt 6 noch zwei- oder dreimal wiederholen.
8. Nun zeigen sich Anzeichen dafür, dass die Küpe fertig ist: blauer Schaum in der Mitte (die »Blume«), ein grünlich gelber Sud und eine metallisch schillernde Oberfläche.
9. Die Küpe vor dem Färben über Nacht ruhen lassen.

Fructose-Küpe

Für eine 5-Liter-Küpe:
- 15 g Indigo-Pigment
- 30 g gelöschter Kalk
- 45 g Fructose (Fruchtzucker)

1 In dem kleinen verschließbaren Gefäß aus Plastik oder Glas alle Zutaten mischen. Gut verschließen und einige Minuten kräftig schütteln (so ähnlich wie Maracas), damit sich alles gut vermischt.
2 Inzwischen in einem Plastikeimer im Wasserbad (dabei sicherheitshalber ein Tuch unter den Eimer legen) oder in einem großen Edelstahltopf 4 bis 5 Liter Wasser erhitzen. Bei 70 °C die Hitzezufuhr ausschalten.
3 Im Wasserkocher 1 Liter Wasser zum Kochen bringen. Das heiße Wasser langsam in die Indigo-Kalk-Fructosemischung gießen. Vorsichtig mit einem Holzlöffel umrühren.
4 Die Schritte 5–9 des Rezepts der Henna-Küpe befolgen.

Eisen-Küpe

(nur für Pflanzenfasern verwenden)
Für eine 5-Liter-Küpe:
- 15 g Indigo-Pigment
- 30 g gelöschter Kalk
- 45 g Eisensulfat

1 In dem kleinen verschließbaren Gefäß aus Plastik oder Glas alle Zutaten mischen. Gut verschließen und einige Minuten kräftig schütteln (so ähnlich wie Maracas), damit sich alles gut vermischt.
2 Inzwischen in einem Plastikeimer im Wasserbad (dabei sicherheitshalber ein Tuch unter den Eimer legen) oder in einem großen Edelstahltopf 4 bis 5 Liter Wasser erhitzen. Bei 50 °C die Hitzezufuhr ausschalten.
3 Im Wasserkocher 1 Liter Wasser zum Kochen bringen. Das heiße Wasser langsam in die Indigo-Kalk-Sulfatmischung gießen. Vorsichtig mit einem Holzlöffel umrühren.
4 Die Schritte 5–9 des Rezepts der Henna-Küpe befolgen.

Indigofärben – die einzelnen Schritte

Denken Sie daran, Ihre Küpe am Vorabend des Tages anzusetzen, an dem Sie färben möchten. So wird sie noch besser.

Bei einer Henna- oder Fructose-Küpe diese zuerst auf 60 °C erhitzen. Die Hitzezufuhr ausschalten. Eine Eisen-Küpe muss nicht erhitzt werden, sie wird kalt verwendet.

Mit dem Holzstab kräftig umrühren, sodass ein Strudel entsteht. Ruhen lassen.

Das Ganze noch zweimal wiederholen.

Die Küpe ist einsatzbereit, wenn:
- sich auf der Oberfläche in der Mitte blauer Schaum gebildet hat, die sogenannte Indigoblüte;
- die Flüssigkeit der Küpe grün oder grünlich-gelb ist;
- die Oberfläche der Küpe einen Kupferschimmer annimmt; dieser metallisch glänzende Film reißt bei Berührung auf.

Dies sind die Anzeichen einer guten Küpe, in der sich die Indigopigmente aufgelöst haben.

Mithilfe des pH-Indikatorpapiers können Sie den pH-Wert der Küpe bestimmen, der etwa bei 11 liegen muss.

Ein letzter Tipp: Auf den Boden der Küpe einen Rost legen, der verhindert, dass die Fasern direkt mit dem Bodensatz aus Kalk in Berührung kommen.

Nun ist alles zum Färben bereit!

Ablauf der Indigofärbung

1 Zuerst eine Probe färben: ein kleines Stück Stoff anfeuchten, auswringen und für 2 Minuten in die Küpe tauchen. Herausnehmen, an der Luft schwenken und sofort auswaschen. Wenn das Blau, das sicherlich noch blass ist, hält, ist die Küpe gut.
2 Das Färbegut in einer Schüssel mit lauwarmem Wasser einweichen. Gut ausdrücken oder auswringen.
3 Das Färbegut vorsichtig nach und nach senkrecht in die Küpe tauchen; dabei soll keine Luft in die Küpe eingebracht werden. Handelt es sich um Kleidung oder Stoff, diese gut ausbreiten, um Knicke oder Luftblasen zu vermeiden.
4 Für 3 Minuten einweichen lassen.
5 Das Färbegut wiederum sehr vorsichtig herausnehmen. Das Färbegut unmittelbar über der Oberfläche ausdrücken, sodass auch hier kein Sauerstoff in die Küpe gelangt.
6 Das Färbegut ausbreiten. Seine Farbe wechselt nun nach und nach von Grün zu Blau: Bei Luftkontakt entsteht durch Oxidation die blaue Farbe und haftet sich an die Fasern. Diesen Vorgang nennt man »Entgrünen«.
7 10 Minuten an der Luft ruhen lassen.

Diese Zeitangaben sind lediglich Richtwerte.

Liegt das Färbegut in der Küpe, stets mit den Händen (mit oder ohne Handschuhe) hineingreifen und die Fasern behutsam bewegen und verteilen, sodass sie gleichmäßig gefärbt werden.

Durch die wiederholten Färbevorgänge, die jeweils von einer Oxidation (Luftkontakt der Fasern) gefolgt werden, intensiviert sich der Blauton, und eventuelle Marmorierungen werden ausgeglichen.

So fortfahren, bis der gewünschte Farbton erreicht ist. Dabei stets bedenken, dass der Farbton des getrockneten Färbeguts heller sein wird, vor allem bei Pflanzenfasern.

Zum Schluss die gefärbten Fasern für mindestens 20 Minuten an der Luft auf eine Leine hängen. Meist lasse ich sie länger hängen, da ich noch anderes zu tun habe.

Tipps für das Färben von Wolle

Wolle mag kein basisches Milieu, da sie dadurch hart und spröde wird.

Daher empfehle ich Ihnen, in einer frischen Küpe, deren pH-Wert noch hoch ist, zunächst nur Pflanzenfasern zu färben. In einem zweiten Durchgang, wenn der pH-Wert bereits gesunken ist, können Sie dann Wolle färben. Ein pH-Wert von 9 ist für tierische Fasern ideal.

Ausspülen und waschen

Eine Wanne mit lauwarmem Wasser füllen und einen guten Schuss Tafelessig hinzufügen. Auf zwanzig Liter Wasser verwende ich mindestens ein Drittel einer 1-Liter-Flasche.

Die gefärbten Fasern hineingeben und im Wasser kneten. Dadurch wird überschüssiger Kalk gelöst. Es entsteht ein Geruch nach faulen Eiern – dies ist ein gutes Zeichen.

Der Blauton wird nun noch intensiver und entwickelt sich auch an den folgenden Tagen noch weiter.

Wichtig: Bei Wolle unbedingt Temperaturschocks vermeiden, damit sie nicht verfilzt.

Trocknen lassen.

Einen Tag warten, damit die Farbe besser an den Fasern haftet.

Mit ökologischem Waschmittel auswaschen, bis das Wasser klar bleibt.

Auswringen und trocknen lassen. Dies muss nicht vor der Sonne geschützt geschehen. Indigo soll sogar vor schädlichen UV-Strahlen schützen.

Tipps zur Pflege der Küpe

Wenn eine Indigoküpe ausgiebig verwendet wurde, neigt sie dazu, durch das wiederholte Eintauchen des Färbeguts zu oxidieren; außerdem sinkt der pH-Wert. Damit sind die Voraussetzungen für eine korrekt funktionierende Küpe nicht mehr gegeben.

Was sind die Anzeichen für eine »kränkelnde« Küpe?

1 · Der pH-Wert der Küpe

Liegt der pH-Wert unter 9, fehlt der Küpe Kalk. Ideal ist ein pH-Wert von 11.

2 · Die Farbe der Färbeküpe

Die Färbeküpe muss grün sein, Anzeichen einer guten Reduktion. Ist die Küpe grau oder blauschwarz, fehlt ihr eine Base und ein Reduktionsmittel.

3 · Der kupfrig schimmernde Film

Der metallische schimmernde Film auf der Oberfläche der Küpe ist das Zeichen einer gesunden Küpe.

4 · Die Farbe der Blume

Wenn der Schaum in der Mitte der Küpe nur hellblau ist, enthält die Küpe zu wenig Indigo.

Wie kann man eine Küpe gut führen und »pflegen«?

Bereits bei der Verwendung der Küpe sollten einige vorbeugende Maßnahmen ergriffen werden.

- Nach jedem abgeschlossenen Färben die Küpe mit etwas Zucker bestreuen. Eine Eisenküpe stattdessen mit etwas in heißem Wasser aufgelöstem Eisensulfat beträufeln.
- Die Küpe mit einem möglichst luftdicht schließenden Deckel verschließen, damit sie nicht oxidiert.
- Vor jedem neuen Färben die Küpe mit etwas Kalk bestäuben. Eine Henna- oder Fructose-Küpe anschließend erhitzen.
- Bleibt die Indigoblüte blassblau, die Küpe mit Indigo auffrischen. Dazu gemäß dem jeweiligen Rezept eine ganz kleine Menge der Küpe ansetzen und vorsichtig in die alte Küpe gießen. Umrühren und vor dem nächsten Färbeversuch einige Minuten warten.
- Je größer Ihre Küpe ist, desto stabiler ist sie und desto langsamer schwächt sie sich ab.

Manche Indigoküpen sind sehr lange haltbar. Mit der Zeit lernen Sie, Ihre Küpe zu verstehen.

TEIL 2

AUF FARBENSUCHE GEHEN: REZEPTE UND INSPIRATION

Wenn Sie erst den Ablauf der einzelnen Arbeitsgänge des Färbens verstanden haben, brauchen Sie nur noch einige Küchenutensilien zusammenzusuchen und können loslegen, um Ihre eigenen zu 100 % pflanzlichen Farben zu kreieren.

Zur Unterstützung bei Ihren ersten Schritten finden Sie im Folgenden zahlreiche Rezepte, die ich mit heimischen Färberpflanzen erprobt habe. Diese sind danach geordnet, wo Sie das Pflanzenmaterial finden können: in der Küche oder im Gemüsegarten, im Ziergarten oder auch auf Spaziergängen in Feld und Wald.

Dies ist kein umfassendes Verzeichnis aller Pflanzen, mit denen man färben kann. Ich kann Sie nur ermuntern, andere Wege zu beschreiten und, wenn Sie es noch nicht getan haben, mit weiteren Pflanzen zu experimentieren.
Bei Ihren Versuchen werden Sie Vieles lernen. Mit der Zeit beherrschen Sie die einzelnen Schritte immer besser und bekommen einen Blick dafür, wie Sie die subtilen Nuancen der Pflanzenfarben hervorlocken können.
Sie werden manche Enttäuschungen erleben, aber auch schöne Entdeckungen machen. Wie auch immer das Ergebnis Ihrer Experimente ausfällt, ich wünsche Ihnen, dass die einzigartige Alchemie des Pflanzenfärbens auch Sie immer wieder aufs Neue in Staunen versetzt.

Alle aufgeführten Rezepte enthalten folgende Angaben:

- **eine Mengenangabe zum Pflanzenmaterial.** Diese wird in Prozent des Trockengewichts des Färbeguts ausgedrückt. Die Angaben sind Richtwerte Sie können die Mengen je nach der verfügbaren Pflanzenmenge oder Ihrem gewünschten Farbton anpassen;
- **eine Temperatur- und eine Zeitangabe.** In der Regel unterscheide ich je nach Pflanze zwei Temperaturen: die unterhalb des Köchelns (80 °C) und die, bei der das Wasser leise köchelt (um 85 oder 90 °C). Bei der ersten Temperatur muss man besonders aufpassen. Die Angaben zur Dauer (»Koch-« beziehungsweise Ziehzeiten) sind ebenfalls Richtwerte. Die Dauer hängt natürlich von der verwendeten Pflanzenmenge und der Menge des Färbeguts ab. Je größer die Mengen sind, desto länger dauert das Erhitzen. Sie können die Hitzezufuhr ausschalten, sobald Sie mit dem erzielten Farbton zufrieden sind. Bedenken Sie dabei nur stets, dass die Nuancen auf Pflanzenfasern beim Trocken noch heller werden;
- **eine Angabe zur Wassermenge für das Farbbad.** Das Verhältnis von 20 Litern Wasser auf 1 kg Färbegut ist je nach Ihrem konkreten Projekt anzupassen (siehe »Das Wasser«, Seite 26).

IM BLUMENGARTEN: DIE ZIERPFLANZEN

Die Vielzahl und Verschiedenartigkeit der Farben von Sommerblumen im Garten erwecken die Neugier aller, die mit Pflanzen färben und lassen sie insgeheim davon träumen, diese leuchtenden Farben auf Wolle oder Stoff zu bannen.

Ich kann Sie nur dazu ermuntern, einen Versuch zu wagen. Sie könnten angenehm überrascht werden. Die meisten Blüten sind reich an Flavonoiden und gehören zur Familie der gelb färbenden Pflanzen. Tagetes, Studentenblume, Mädchenauge und Gelbes Schmuckkörbchen bieten Ihnen eine schöne Palette von Gelb- und Orangetönen.

Andere Blüten enthalten Anthocyane, besondere Farbstoffe aus der Gruppe der Flavonoide, mit denen Sie wundervolle Nuancen von Rosa oder Blauviolett erzielen können: dunkelrote Stockrosen, blaue oder blauviolette Schwertlilien, Sonnenhut …

Ich schlage Ihnen einen kleinen Rundgang durch meinen Blumengarten vor und stelle Ihnen dabei die Pflanzen vor, die darin wachsen. Doch es gibt noch viele andere, mit denen Sie experimentieren können. Ein Spezialfall, auf den ich ebenfalls eingehe, sind zwei berühmte typische Färberpflanzen, die man im Garten kultivieren kann.

Gelbes Schmuckkörbchen

Cosmos sulphureus

- **Verwendete Teile der Pflanze:** frische oder getrocknete Blüten
- **Erntezeitpunkt:** während des Sommers
- **Empfohlene Menge:** bei getrockneten Blüten 100–150 % des Trockengewichts des Färbeguts, bei frischen Blüten 200–400 %
- **Farbpalette:** rot, orange
- **Geeignete Fasern und Beizmittel:** gut geeignet für Wolle. Mit einer Symplocosbeize und reichlich Pflanzenmaterial kann das Schmuckkörbchen schöne Rottöne ergeben. Bei Pflanzenfasern wird für intensivere Färbungen das Gallieren mit farbigen Gerbstoffen wie Katechu, Kastanie oder Zwiebelschalen empfohlen. Eine Beize ist auf jeden Fall erforderlich.

- Das aus Mexiko stammende Gelbe Schmuckkörbchen (auch Gelbe oder Orange Cosmea, Schwefelkosmee) ist eine einjährige Pflanze aus der Familie der Korbblütler (*Asteraceae*). Sehr verbreitet ist es in den USA und in Brasilien, wo es regional als invasive Pflanze gilt.
- In Indonesien und Thailand werden die jungen Pflanzen gekocht oder roh als Salat verzehrt.
- Das Gelbe Schmuckkörbchen ist eine sehr alte Färberpflanze. Schon die Färber der präkolumbischen Kulturen verwendeten es zum Färben von Orange- und Rottönen auf Wolle, die zuvor in einem Absud aluminiumreicher heimischer Pflanzen gebeizt wurde.
- Heute wird das Schmuckkörbchen als Zierpflanze in Gärten sowie in Kübeln und Beeten städtischer Grünanlagen angepflanzt. Es ist dabei nicht nur dekorativ, sondern auch eine gute Insektenweide – und Sie werden es umso mehr lieben, da es Ihnen so schöne Orangerottöne beschert! Grund genug, es auszusäen.

- Die Aussaat kann ab dem späten Frühjahr erfolgen, wenn kein Frost mehr zu befürchten ist, und zwar in Anzuchterde oder an Ort und Stelle im Freiland. Schmuckkörbchen lieben sonnige, warme Standorte. An den Boden stellen sie keine besonderen Ansprüche, er sollte jedoch gut durchlässig sein. Bei längerer Trockenheit sollten sie ab und zu reichlich gegossen werden. Das Abzupfen verwelkter Blüten verlängert die Blütezeit. Sie können also den ganzen Sommer über Blüten ernten und sie zum späteren Färben trocknen lassen.
- Falls Sie die Blüten zum Trocknen pressen, können Sie mit dem Abdruck gleichzeitig hübsche florale Motive drucken. Doch das ist ein anderes Thema.

Schritt 1: Auskochen

1 Die Blüten in einen Topf geben. Mit Wasser gut bedecken und über Nacht einweichen.
2 Allmählich bis auf 85 °C erhitzen. Bei dieser Temperatur 30 bis 60 Minuten leise köcheln lassen. Dabei verlieren die Blüten ihre Farbe und der Sud wird rot. Bei saurem Wasser etwas Natron hinzufügen, um einen pH-Wert von 7 oder 8 zu erreichen.
3 Die Hitzezufuhr ausschalten. Den Sud abkühlen lassen und durch ein Passiertuch abseihen.

Schritt 2: Färben

1 Den Pflanzensud in einen ausreichend großen Topf gießen, in dem das Färbegut locker Platz hat.
2 Mit Wasser bis zu einem Verhältnis von etwa 1:20 verdünnen (siehe »Das Wasser«, Seite 26).
3 Das gebeizte, zuvor angefeuchtete und ausgewrungene Färbegut hineingeben. Darauf achten, dass das Färbegut ganz untergetaucht ist.
4 Ganz allmählich bis auf etwa 85 °C erhitzen. Bei dieser Temperatur mindestens 20 und bis zu 60 Minuten leise köcheln lassen. Regelmäßig (etwa alle 10 Minuten) vorsichtig umrühren. Die Hitzezufuhr ausschalten und das Farbbad abkühlen lassen.
Bei Seide können Sie auch eine Kaltfärbung oder lauwarme Färbung vornehmen. Dazu das Färbegut 12 Stunden lang in der Flotte lassen, dabei unbedingt regelmäßig umrühren.
5 Wenn die Flotte abgekühlt ist, das Färbegut herausnehmen und auswringen. Im Schatten trocknen lassen. Zum Schluss unter Beachtung der üblichen Vorsichtsmaßnahmen auswaschen (siehe »Waschen«, Seite 58).

Rainfarn

Tanacetum vulgare

- **Verwendete Teile der Pflanze:** obere Partie (Blüten und Kraut)
- **Erntezeitpunkt:** Spätsommer
- **Empfohlene Menge:** von der Frischpflanze 500 % des Trockengewichts des Färbeguts
- **Farbpalette:** verschieden Nuancen von Gelb, Rehbraun, Grau
- **Geeignete Fasern und Beizmittel:** geeignet für alle Fasern, mit jeder Art von vegetabiler Beize. Intensive Gelbtöne gelingen am besten auf Wolle, die mit Symplocos oder Grüntee vorgebeizt wurde.

- Rainfarn ist eine hochgewachsene, ausdauernde krautige Pflanze aus der Familie der Korbblütler (Asteraceae).
- Er war schon im Mittelalter sehr bekannt und zählte zu den Heilpflanzen, die in jedem Garten gezogen wurden. Aufgrund seines starken Aromas wurde er zum Würzen verwendet, als Ersatz für Zimt oder Muskat, die damals sehr teuer waren.
- Da er jedoch einen hohen Anteil an giftigem Thujon enthält, wird er heute zu Heilzwecken nicht mehr verwendet.
- Im Garten ist der Rainfarn dennoch sehr wertvoll: Da er gegen Pilze, Insekten und andere Schädlinge (z. B. Schnecken) wirkt, ist er ein guter Helfer im Obstgarten, unter Pfirsich- oder Birnbäumen. Auch als biologisches Pflanzenschutzmittel in Form von Pflanzenjauche wird er angewendet.
- Im Haushalt können Sie zum Schutz gegen Motten Rainfarnsäckchen oder -sträußchen zwischen Ihre Wollsachen legen.
- Diese recht stark wuchernde hohe Staude ist sehr anspruchslos. Wenn Sie Rainfarn anpflanzen möchten, stechen Sie im März im Garten von Freunden einen Knospen tragenden Trieb (Ausläufer) ab und setzen Sie ihn in eine eher »wilde« Ecke Ihres Gartens, wo es Sie nicht stört, wenn er sich ungehindert ausbreitet. Aufgrund seiner hohen Stängel hat er manchmal Mühe, aufrecht zu wachsen; stützen Sie ihn daher mit einem Pfahl.
- Zu Beginn der Blütezeit sind seine Blüten strahlend gelb, werden jedoch später dunkler. Der Erntezeitpunkt wirkt sich auf den erzielten Gelbton aus. Für leuchtendere Farben sind frische Blüten zu bevorzugen.
- Rainfarn hat einen hohen Gehalt an Flavonoiden und Gerbstoffen (Tanninen).

REZEPT

Schritt 1: Auskochen

1 Die Blütenknöpfe in einen Topf geben. Mit Wasser gut bedecken und über Nacht einweichen.
2 Allmählich bis auf 85 bis 90 °C erhitzen. Bei dieser Temperatur etwa 15 Minuten leise köcheln lassen. Den pH-Wert kontrollieren und bei Bedarf etwas Natron hinzufügen, um einen pH-Wert von 8 zu erreichen. Der Sud wird orangegelb.
3 Die Hitzezufuhr ausschalten. Den Sud abkühlen lassen und durch ein Passiertuch filtrieren. Den Sud auffangen.

Schritt 2: Färben

1 Den Pflanzensud in einen ausreichend großen Topf gießen, in dem das Färbegut locker Platz hat.
2 Mit Wasser bis zu einem Verhältnis von etwa 1:20 verdünnen (siehe »Das Wasser«, Seite 27). Den pH-Wert des Farbbads kontrollieren und bei Bedarf etwas Natron hinzufügen, um einen pH-Wert von 8 zu erreichen.
3 Das gebeizte, zuvor angefeuchtete und ausgewrungene Färbegut hineingeben. Darauf achten, dass das Färbegut ganz untergetaucht ist.
4 Ganz allmählich auf etwa 85 °C erhitzen. Bei dieser Temperatur 15 Minuten leise köcheln lassen. Nach Möglichkeit nicht länger erhitzen: Da Rainfarn sehr gerbstoffreich ist, würden bei einer längeren Färbedauer die Farben weniger leuchtend. Die Hitzezufuhr ausschalten und das Farbbad abkühlen lassen.
Bei Seide können Sie auch eine Kaltfärbung oder lauwarme Färbung vornehmen. Dazu das Färbegut 12 Stunden lang in der Flotte lassen, dabei unbedingt regelmäßig umrühren.
5 Wenn die Flotte abgekühlt ist, das Färbegut herausnehmen und auswringen. Im Schatten trocknen lassen. Zum Schluss unter Beachtung der üblichen Vorsichtsmaßnahmen auswaschen (siehe »Waschen«, Seite 58).

Bei Pflanzenfasern erzielen Sie durch ein anschließendes kurzes Bad in Eisenessig grüne Farbtöne.

Färberwau

Färber-Resede, Gelb- oder Gilbkraut

Reseda luteola

- **Verwendete Teile der Pflanze:** oberirdische Teile
- **Erntezeitpunkt:** Spätsommer oder Frühherbst, zum Zeitpunkt der Samenbildung
- **Empfohlene Menge:** bei getrockneten Pflanzen 100 % des Trockengewichts des Färbeguts, bei frischen Pflanzen 200–300 %
- **Farbpalette:** gelb
- **Geeignete Fasern und Beizmittel:** geeignet für alle Fasern. Auf Wolle und Seide erzielt man jedoch die schönsten, sehr kräftig leuchtenden Gelbtöne. Vorheriges Beizen ist erforderlich. Das Luteolin, der gelbe Hauptfarbstoff der Pflanze, benötigt Aluminiumionen, um an der Faser zu haften. Daher verwendet man zum Beizen eine Pflanze, die reich an organischem Aluminium ist, etwa Symplocos.

- Der Färberwau ist eine Färberpflanze mit glanzvoller Vergangenheit. Im Mittelalter und in der Renaissance war er die Pflanze zum Gelbfärben: ein leuchtendes, lebhaftes Gelb, das zudem noch als haltbar galt. Daher war der Anbau des Färberwaus weit verbreitet, vor allem im Mittelmeerraum. Mit dem Aufkommen synthetischer Farbstoffe im 19. Jahrhundert und der Herstellung von Baumwollstoffen verlor er an Bedeutung. Nach und nach wurden sein Anbau und seine Verwendung als Färberpflanze eingestellt.
- Bei einem Spaziergang auf trockenen, sonnigen Brachen mit vulkanischen oder kalkreichen Böden könnten Sie wilden Färberwau entdecken. Er ist eine zweijährige Pflanze und zählt zur Ruderalflora (»Schuttpflanzen«): Er wächst spontan auf kürzlich umgegrabenen und nährstoffreichen Flächen. Häufig sind dies vom Menschen bearbeitete, also umgepflügte Böden. Der Färberwau besiedelt Freiflächen und Brachland, Randstreifen von Autobahnen sowie Erdaufschüttungen. Mit seinen hohen, von winzigen gelben Blüten besetzten Stängeln sticht er sofort ins Auge.
- Sie können Färberwau auch im Garten anbauen, sofern Ihr Boden an seine Bedürfnisse angepasst ist. Wie alle zweijährigen Pflanzen wird der Färberwau im Herbst ausgesät und bildet im Winter eine kleine Blattrosette aus. Im zweiten Frühjahr entwickelt er einen hohen, mehr oder weniger verzweigten Stängel, an dessen Ende die kleinen gelben Blüten sitzen. Er wird geerntet, sobald er Samen ausbildet und seine unteren Blätter vergilben. Er kann auch frisch verwendet werden, nachdem Sie einige Samen für die erneute Aussaat gesammelt haben. Verwenden Sie die Samenkapseln nach Möglichkeit mit, denn sie enthalten – wie die Samen – den meisten Farbstoff. Die Pflanze kann auch getrocknet und dann zerkleinert werden.

Schritt 1: Auskochen

1 Die zerkleinerten Pflanzenteile in einen Topf geben. Mit Wasser bedecken, das am besten kalkhaltig sein sollte. Bei weichem Wasser eine Prise Kreidepulver (Schlämmkreide, Blanc de Meudon) hinzufügen. Über Nacht durchziehen lassen.
2 Allmählich bis auf 85 bis 90 °C erhitzen. Bei dieser Temperatur etwa 20 bis 60 Minuten leise köcheln lassen, je nach Pflanzenmenge.
3 Die Hitzezufuhr ausschalten. Den Sud abkühlen lassen und durch ein Passiertuch filtrieren. Den Sud auffangen.

Schritt 2: Färben

1 Den Pflanzensud in einen ausreichend großen Topf gießen, in dem das Färbegut locker Platz hat.
2 Mit möglichst hartem Wasser bis zu einem Verhältnis von etwa 1:20 verdünnen (siehe »Das Wasser«, Seite 26). Bei weichem Wasser – wie in meiner Gegend – einen Teelöffel Schlämmkreide auf 10 Liter Wasser hinzugeben. Den pH-Wert des Farbbads kontrollieren und bei Bedarf etwas Natron hinzufügen, um einen pH-Wert von 7 oder 8 zu erreichen.
3 Das gebeizte, zuvor angefeuchtete und ausgewrungene Färbegut hineingeben. Darauf achten, dass das Färbegut ganz untergetaucht ist.
4 Ganz allmählich bis auf 85 bis 90 °C erhitzen. Bei dieser Temperatur mindestens 20 und bis zu 60 Minuten leise köcheln lassen. Regelmäßig (etwa alle 10 Minuten) behutsam umrühren. Die Hitzezufuhr ausschalten und das Farbbad abkühlen lassen.
Bei Seide können Sie auch eine Kaltfärbung oder lauwarme Färbung vornehmen. Dazu das Färbegut 12 Stunden lang in der Flotte lassen, dabei unbedingt regelmäßig umrühren.
5 Wenn die Flotte abgekühlt ist, das Färbegut herausnehmen und auswringen. Im Schatten trocknen lassen. Zum Schluss unter Beachtung der üblichen Vorsichtsmaßnahmen auswaschen (siehe »Waschen«, Seite 58).

Tipp: Wenn das verwendete Wasser – wie in meiner Gegend – sehr kalkarm und leicht sauer ist, können Sie durch Zugabe von etwas Geschirrspülmittel oder Kreide intensivere Grüntöne erzielen.

Sonnenhut

Rudbeckia fulgida

- **Verwendete Teile der Pflanze:** gesamte Pflanze (oberirdische Teile)
- **Erntezeitpunkt:** während des gesamten Sommers
- **Empfohlene Menge:** von der Frischpflanze 600–800 % des Trockengewichts des Färbeguts
- **Farbpalette:** Rosa-, Grün- und Gelbtöne
- **Geeignete Fasern und Beizmittel:** geeignet für alle tierischen oder pflanzlichen Fasern, mit beliebiger vegetabiler Beize.

- Wenn es im Garten eine Blume gibt, die ins Auge sticht, ist es der Sonnenhut. Mit seinen aufrechten, zur Sonne gereckten Stängeln und den goldgelben Blüten mit der kugeligen, tiefdunklen rotbraunen Mitte ist er alles andere als ein Mauerblümchen.
- Der zur Familie der Korbblütler (*Asteraceae*) gehörende Sonnenhut stammt ursprünglich aus den USA und aus Mexiko, hat sich jedoch in unseren Gärten gut akklimatisiert. Er ist eine ausdauernde, recht anspruchslose Pflanze, die mit allen Böden zurechtkommt, auch mit sehr mageren. Trockenheit verträgt er relativ gut. An vollsonnigen Standorten blüht er üppiger. Wenn er sich wohlfühlt, vermehrt er sich gut von selbst.
- Die Ernte kann den ganzen Sommer über erfolgen. Zum Färben wird der Sonnenhut nicht getrocknet, sondern stets frisch verwendet. Für kräftige Farben benötigt man ein beachtliches Gewicht der Färbedroge. Dieses bekommt man aber relativ leicht zusammen, da die Blüten schwer sind.
- Die Pflanze wird im Ganzen geerntet (oberirdische Teile). Anschließend trennen Sie die Blüten von den Stielen und Blättern, um zwei verschiedene Farbtöne zu erhalten: Die klein geschnittenen Blätter und Stiele ergeben Gelb- und Grüntöne, die ganzgelassenen Blüten violettes bis bräunliches Rosa.
- Dies ist eine besonders interessante Färbeerfahrung: Von einer einzigen Pflanze erhält man je nach den verwendeten Teilen zwei verschiedene Farben. Dies erklärt sich durch die unterschiedliche chemische Zusammensetzung der einzelnen Pflanzenteile. Zwar gehören alle farbgebenden Inhaltsstoffe zu den Flavonoiden, der Gruppe der gelben Farbstoffe. Ein hoher Anthocyangehalt in den Blüten sorgt jedoch für die Rosafärbung.

REZEPT

Schritt 1: Auskochen

1 Zwei Töpfe parat halten: einen für die Blüten, einen zweiten für die Stängel und Blätter. Mit Wasser bedecken und einige Stunden durchziehen lassen.
2 Den pH-Wert der beiden Ansätze einzeln kontrollieren: Bei den Blüten Zitronensaft hinzufügen, um einen pH-Wert von 4 zu erhalten. Bei den Stängeln und Blättern muss der pH-Wert 7 oder 8 betragen. Bei Bedarf etwas Natron zugeben. Dann allmählich bis auf 80 °C erhitzen. Bei dieser Temperatur eine gute Stunde leise köcheln lassen, bei größerer Pflanzenmenge auch länger. Der Sud der Blüten wird rot, der Sud der Blätter und Stängel färbt sich nach und nach grüngelb.
3 Die Hitzezufuhr ausschalten. Die Abkochungen abkühlen lassen und durch ein Passiertuch filtrieren.
4 Die Abkochungen mindestens über Nacht durchziehen lassen.

Schritt 2: Färben

1 Die Abkochungen jeweils in einen ausreichend großen Topf gießen, in dem das Färbegut locker Platz hat.
2 Mit Wasser bis zu einem Verhältnis von etwa 1:20 verdünnen (siehe »Das Wasser«, Seite 26).
Den pH-Wert der Färbeflotten kontrollieren. Blüten: pH-Wert 4, Stängel und Blätter: pH-Wert 7 oder 8. Bei Bedarf etwas Zitronensaft oder Natron hinzufügen.
3 Das gebeizte, zuvor angefeuchtete und ausgewrungene Färbegut hineingeben. Darauf achten, dass das Färbegut ganz untergetaucht ist.
4 Ganz allmählich bis auf 80 °C erhitzen. Nicht kochen lassen. Bei dieser Temperatur mindestens eine Stunde leise köcheln lassen.
Regelmäßig (etwa alle 10 Minuten) behutsam umrühren. Die Hitzezufuhr ausschalten und die Färbeflotten abkühlen lassen.
Bei Seide können Sie auch eine Kaltfärbung oder lauwarme Färbung vornehmen. Dazu das Färbegut 12 Stunden lang in der Flotte lassen, dabei unbedingt regelmäßig umrühren.
5 Wenn die Flotten abgekühlt sind, das Färbegut herausnehmen und auswringen. Im Schatten trocknen lassen. Zum Schluss unter Beachtung der üblichen Vorsichtsmaßnahmen auswaschen (siehe »Waschen«, Seite 58).

Buchweizen

Fagopyrum esculentum

- **Verwendete Teile der Pflanze:** oberirdische Teile, in Blüte
- **Erntezeitpunkt:** Sommer
- **Empfohlene Menge:** von der Frischpflanze 400 % des Trockengewichts des Färbeguts
- **Farbpalette:** orangegelb, beige-rosa, khaki
- **Geeignete Fasern und Beizmittel:** Diese Pflanze eignet sich besser für Wolle und Seide. Zur Vorbehandlung kann eine beliebige vegetabile Beize verwendet werden. Auf tierischen Fasern erzielt man eher orangegelbe Farbtöne.

- Buchweizen ist eine einjährige Pflanze, die ich besonders gern mag. Da er magere und leicht saure Böden liebt, fühlt er sich bei mir sehr wohl. Im Frühjahr – sobald kein Frost mehr droht - säe ich ihn breitwürfig aus, wo noch etwas Platz in meinem Garten ist. Zu Beginn benötigt Buchweizen Wärme und Feuchtigkeit und muss daher manchmal regelmäßig gegossen werden. Er wächst rasch und bildet hübsche Teppiche mit herzförmigen Blättern und kleinen weißrosa Blüten, die oben an feinen Stängeln sitzen.
- Buchweizen ist eine bezaubernde Pflanze, die im Garten gute Dienste leistet. Er ist eine ausgezeichnete Bienenweide, und der Buchweizenhonig hat einen ganz eigenen Geschmack. Buchweizen zählt zu den Hilfspflanzen und wird zur Gründüngung angebaut. Seine Fähigkeit, Unkraut zu verdrängen, macht ihn zum wertvollen Verbündeten zum Bedecken etwas kahler Flächen. In Kombination mit der Phazelie (Bienenfreund) sorgt er für eine Blütenpracht, die an Wildblumen erinnert und bei Insekten ganz hoch im Kurs steht.
- Wenn Sie ihn in ausreichender Menge anbauen, können Sie das Abenteuer wagen, Ihr eigenes Mehl herzustellen – oder ihn zum Pflanzenfärben verwenden.
- Buchweizen muss im Laufe des Sommers geerntet werden, wenn er in voller Blüte steht oder diese zu Ende geht. Leuchtendere Farben erhalten Sie, wenn Sie zur Farbstoffgewinnung Frischpflanzen auskochen.
- Falls Sie nicht die Möglichkeit haben, Buchweizen auszusäen, können Sie sich an einen Produzenten wenden und ihn fragen, ob Sie ein paar Arm voll bekommen dürfen.

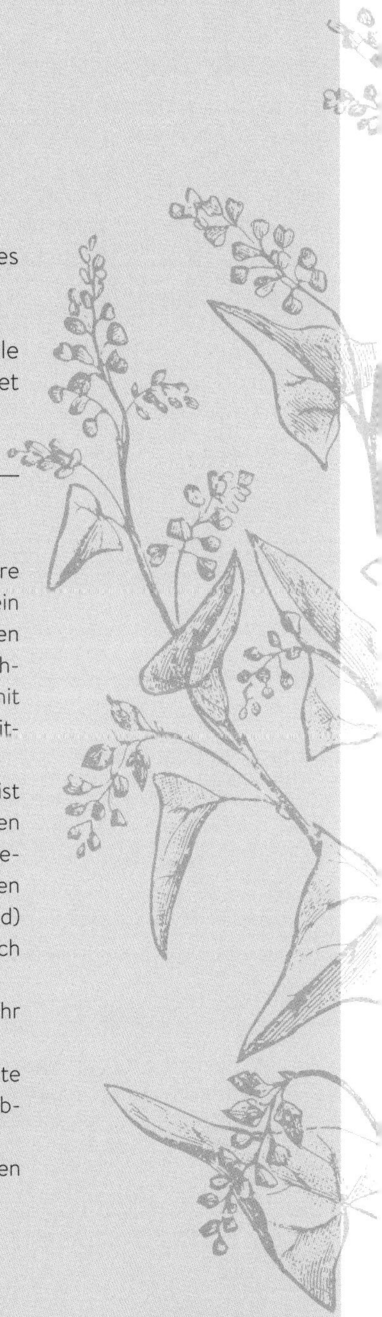

Schritt 1: Auskochen

1 Die klein geschnittenen blühenden Buchweizenstängel in einen Topf geben. Mit Wasser gut bedecken.
2 Allmählich bis auf 85 bis 90 °C erhitzen. Bei dieser Temperatur 30 bis 60 Minuten leise köcheln lassen, je nach Pflanzenmenge. Bei saurem Wasser etwas Natron hinzufügen, um einen pH-Wert von 7 oder 8 zu erhalten.
3 Die Hitzezufuhr ausschalten. Die Abkochung abkühlen lassen und durch ein Passiertuch filtrieren. Den Sud auffangen.

Schritt 2: Färben

1 Den Sud in einen ausreichend großen Topf gießen, in dem das Färbegut locker Platz hat.
2 Mit Wasser bis zu einem Verhältnis von etwa 1:20 verdünnen (siehe »Das Wasser«, Seite 26). Den pH-Wert der Färbeflotte kontrollieren. Bei Bedarf etwas Natron hinzufügen, um einen pH-Wert von 7 oder 8 zu erhalten.
3 Das gebeizte, zuvor angefeuchtete und ausgewrungene Färbegut hineingeben. Darauf achten, dass das Färbegut ganz untergetaucht ist.
4 Ganz allmählich bis auf 85 °C erhitzen. Bei dieser Temperatur mindestens 20 und bis zu 60 Minuten leise köcheln lassen. Regelmäßig (etwa alle 10 Minuten) behutsam umrühren. Die Hitzezufuhr ausschalten und die Färbeflotte abkühlen lassen.
Bei Seide können Sie auch eine Kaltfärbung oder lauwarme Färbung vornehmen. Dazu das Färbegut 12 Stunden lang in der Flotte lassen, dabei unbedingt regelmäßig umrühren.
5 Wenn die Flotte abgekühlt ist, das Färbegut herausnehmen und auswringen. Im Schatten trocknen lassen. Zum Schluss unter Beachtung der üblichen Vorsichtsmaßnahmen auswaschen (siehe »Waschen«, Seite 58).

Bei Pflanzenfasern wechselt die Farbe durch ein anschließendes kurzes Bad in Eisenessig zu Khakigrün.

Krapp

Echte Färberröte

Rubia tinctorium

- **Verwendete Teile der Pflanze:** Wurzeln, fein geschnitten oder zerkleinert
- **Erntezeitpunkt:** Herbst, an mindestens drei Jahre alten Pflanzen
- **Empfohlene Menge:** 100 % des Trockengewichts des Färbeguts
- **Farbpalette:** rot, orange, rosa, rötlich-violett
- **Geeignete Fasern und Beizmittel:** Intensive Rottöne erzielt man am leichtesten auf Wolle. Auf Pflanzenfarben erhält man mühelos rosa bis rosarote Nuancen. Wenn Sie ein »richtiges« Rot wünschen, beizen Sie die Wolle am besten mit Symplocos vor. Für kräftiges Rot auf Pflanzenfasern empfiehlt es sich, mehrfach abwechselnd mit Galläpfeln und Symplocos vorzubeizen (siehe Beizbad mit Symplocos, Seite 46).

- Wenn Sie Krapp im Garten anpflanzen, warten Sie bis zur Ernte mindestens drei Jahre. Dies ist notwendig, damit die Wurzeln dicker und länger werden und Ihr Ertrag höher wird. Das Ausreißen der Wurzeln ist nicht ganz einfach. Nach der Ernte die Wurzeln waschen und einige Monate trocknen lassen, dann in kleine Stücke schneiden.
- Wenn Sie keinen Krapp anbauen, jedoch bei einem Urlaub im Mittelmeerraum spazieren gehen, können Sie unter Hecken oder an Böschungen seinen Cousin, den Kletten-Krapp (*Rubia peregrina*) finden. Von der Echten Färberröte (Färber-Krapp) unterscheidet sie sich durch ihre grüneren, immergrünen Blätter, doch auch durch die Zusammensetzung seiner Rhizome. Diese enthalten wenig Alizarin, sind jedoch reich an anderen Farbstoffen, die alle zu den rot färbenden Farbstoffen gehören. Damit erzielt man eher ziegelrote Nuancen.
- In meiner Umgebung wachsen reichlich Labkräuter. Auch diese gehören zu den Rötegewächsen (*Rubiaceae*) und damit zu den rot färbenden Pflanzen. Aufgrund ihrer zarten Wurzeln ist die Ernte jedoch schwierig und das Schälen der Wurzeln ist sehr mühsam (siehe Foto gegenüber: Wurzeln von Labkraut).
- Ebenfalls zur Familie der Rötegewächse gehört eine Färberröte, die ich sehr liebe, der Indische Krapp (auch Färberwurzel, *Rubia cordifolia*).
- Wenn Sie Krappwurzeln fertig kaufen, kann die Qualität von einem Anbieter zum anderen stark schwanken. Selbst bei ein und demselben Händler können die Farbtöne von einem Jahr zum anderen variieren. Die Bodenbeschaffenheit, der Erntezeitpunkt, aber auch das Klima sind Faktoren, die sich auf die Farbstoffkonzentration auswirken.

REZEPT

Schritt 1: Auskochen

1 Die Krappwurzeln in einen Topf geben und mit Wasser gut bedecken. Mindestens über Nacht, am besten jedoch 24 Stunden durchziehen lassen.
2 Allmählich bis auf 80 °C erhitzen. Nicht kochen lassen.
3 Die Hitzezufuhr ausschalten. Alles abkühlen lassen und durch ein Passiertuch filtrieren. Den Sud auffangen. Für eine höhere Farbstoffkonzentration können Sie mit dem einmal ausgekochten und im Passiertuch zurückbehaltenen Pflanzenmaterial einen zweiten Absud zubereiten, abseihen und zum ersten Absud geben.

Schritt 2: Färben

1 Den Sud in einen ausreichend großen Topf gießen, in dem das Färbegut locker Platz hat.
2 Mit möglichst hartem Wasser bis zu einem Verhältnis von etwa 1:20 verdünnen (siehe »Das Wasser«, Seite 26). Den pH-Wert der Färbeflotte kontrollieren. Bei weichem Wasser – wie in meiner Gegend - einen Teelöffel Schlämmkreide auf 10 Liter Wasser hinzugeben. Diese Mengenangabe ist lediglich ein Richtwert. Erinnern Sie sich daran, dass Krapp alkalische, kalkreiche Böden liebt. Hartes Wasser mit einem pH-Wert um 8 ermöglicht es Ihnen, das Beste aus dem Krapp herauszuholen. Begutachten Sie die Farbe der Färbeflotte: Je intensiver rot sie ist, desto besser.
3 Das gebeizte, zuvor angefeuchtete und ausgewrungene Färbegut hineingeben. Darauf achten, dass das Färbegut ganz untergetaucht ist.
4 Ganz allmählich bis auf 80 °C erhitzen. Bei dieser Temperatur mindestens 20 und bis zu 60 Minuten leise köcheln lassen.
Nicht zum Kochen bringen – dadurch könnte der Farbton sich verändern und ins Braune kippen.
Regelmäßig (etwa alle 10 Minuten) behutsam umrühren. Die Hitzezufuhr ausschalten und die Färbeflotte abkühlen lassen.
Bei Seide können Sie auch eine Kaltfärbung oder lauwarme Färbung vornehmen. Dazu das Färbegut 12 Stunden lang in der Flotte lassen, dabei unbedingt regelmäßig umrühren.
5 Wenn die Flotte abgekühlt ist, das Färbegut herausnehmen und auswringen. Im Schatten trocknen lassen. Zum Schluss unter Beachtung der üblichen Vorsichtsmaßnahmen auswaschen (siehe »Waschen«, Seite 58).
Wenn das verwendete Wasser – wie in meiner Gegend – sehr kalkarm und leicht sauer ist, können Sie durch Zugabe von etwas Geschirrspülmittel oder Kreide intensivere Rottöne erzielen.
Bei Pflanzenfasern wechselt die Farbe durch ein anschließendes kurzes Bad in Eisenessig zu Violetttönen oder Ziegelrot.

Nach dem ersten Färbevorgang ist die Krappflotte noch nicht erschöpft. Die Farbstoffe sind so intensiv, dass sich bei einer zweiten Färbung schöne Orange- und Rosatöne erzielen lassen.

IN DER KÜCHE: GEMÜSEPFLANZEN

Die einfachste Fundgrube für Pflanzenfarben ist Ihre Küche – und Ihr Gemüsegarten, falls Sie einen haben.

Der Gedanke dabei ist, die Abfälle des Gemüses, das Sie gekocht haben, zum Färben zu verwenden. Verwertung von Biomüll einmal anders!

Bei manchen dieser Pflanzen ist der Färbevorgang ganz einfach, da vorheriges Beizen unnötig oder fakultativ ist.

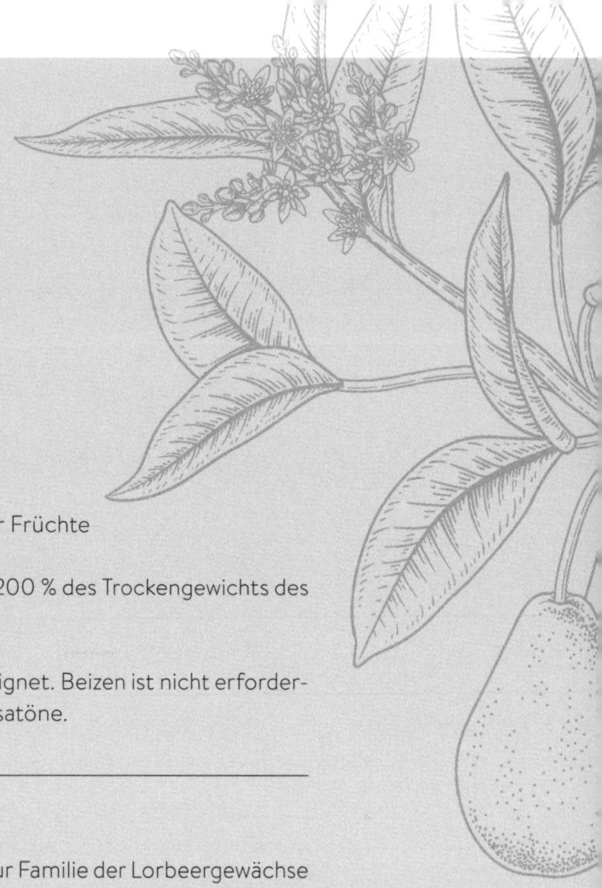

Avocado

Persea americana

- **Verwendete Teile der Pflanze:** Schalen und Kerne der Früchte
- **Erntezeitpunkt:** Herbst und Winter
- **Empfohlene Menge:** bei getrockneten Schalen 100–200 % des Trockengewichts des Färbeguts, bei den Kernen 50–100 %
- **Farbpalette:** rot, orange, rosa, rötlich-violett
- **Geeignete Fasern und Beizmittel:** für alle Fasern geeignet. Beizen ist nicht erforderlich. Auf Pflanzenfasern erhält man sehr hübsche Rosatöne.

- Die Avocado ist die Frucht des Avocadobaums, der zur Familie der Lorbeergewächse (*Lauraceae*) gehört und ursprünglich aus Mexiko und Zentralamerika stammt. Dieser immergrüne, im Sommer üppig blühende Baum kann 8 bis 20 Meter hoch werden. Nur aus 1 % seiner Blüten entstehen Früchte. Sein natürlicher Lebensraum ist der tropische Regenwald, er benötigt also viel Wärme und Feuchtigkeit. Er liebt leichte, durchlässige und humosreiche Böden, die neutral oder sauer sind. Er verträgt weder Frost noch Trockenheit.
- Im 16. Jahrhundert wurde er nach Spanien importiert, wo er zunächst zu rein dekorativen Zwecken gepflanzt wurde, bis man die geschmacklichen Vorzüge der Früchte entdeckte. In Frankreich begann die Produktion in den 1950er-Jahren, insbesondere auf Korsika. Heute gibt es einen regelrechten Hype um die Avocado. Sie ist zur Alltagsfrucht geworden, deren Qualitäten als »Superfood« zu Recht gepriesen werden. Doch die Kehrseite der Medaille ist traurig. Um die immer noch steigende Nachfrage zu befriedigen, werden in den Produktionsländern massiv Wälder abgeholzt, was zu einem Absinken des Grundwasserspiegels führt. Hinzu kommt eine negative CO_2-Bilanz durch Transport, Konservierung und Lagerung der importierten Früchte.
- Unter diesen Umständen ist es ökologisch sinnvoll, die Abfälle von Avocados zum Pflanzenfärben zu verwerten, vorausgesetzt, man konsumiert die Früchte in Maßen sowie saisonal und achtet auf möglichst kurze Transportwege.
- Nach dem Verzehr der Früchte müssen die Schalen und Kerne sorgfältig getrocknet werden, um Schimmelbildung zu vermeiden. Die Reste des Fruchtfleisches abschaben, die Schalen und Kerne kurz unter fließendem Wasser abspülen und in der Nähe einer Wärmequelle trocknen lassen.
- Die getrockneten Schalen lassen sich ganz leicht zerbröseln. Bei den Kernen ist das Zerkleinern schon schwieriger. Sie können einen Hammer zu Hilfe nehmen.
- Für rötlichere Färbungen können Sie Schalen und Kerne zusammen in einem Farbbad verwenden. Getrennt erhalten Sie mit den Kernen allein schöne Nude-Töne, mit den Schalen je nach pH-Wert der Färbeflotte Orange- oder Rottöne.

Schritt 1: Auskochen

1 Die zerkleinerten Schalen und Kerne in einen Topf geben und mit Wasser gut bedecken. Wenn das verwendete Wasser eher kalkhaltig und basisch ist (pH-Wert um 8), entstehen rosarot-braune Farbtöne. Bei saurerem oder weicherem Wasser (pH-Wert um 6) erhält man eher orange und lachsfarbene Nuancen.
2 Allmählich bis zum Köcheln (85 °C) erhitzen. Den pH-Wert des Suds je nach gewünschtem Farbton regulieren: alkalischer durch Zugabe von Natron (pH um 8) oder saurer durch Zugabe von Zitronensaft (pH um 6). Je nach Pflanzenmenge 30 bis 60 Minuten köcheln lassen. Bei Bedarf verdunstetes Wasser nachfüllen, damit das Pflanzenmaterial gut bedeckt bleibt.
3 Die Hitzezufuhr ausschalten. Die Abkochung abkühlen lassen und durch ein Passiertuch filtrieren. Den Sud auffangen.
Für eine höhere Farbstoffkonzentration können Sie mit dem einmal ausgekochten und im Passiertuch zurückbehaltenen Pflanzenmaterial eine zweite Abkochung zubereiten, abseihen und zur ersten Abkochung geben. Den so erhaltenen Sud 12 bis 24 Stunden durchziehen lassen. Durch dieses Reifenlassen des Suds wird die Färbung gleichmäßiger.

Schritt 2: Färben

1 Den Sud in einen ausreichend großen Topf gießen, in dem das Färbegut locker Platz hat.
2 Mit Wasser bis zu einem Verhältnis von etwa 1:20 verdünnen (siehe »Das Wasser«, Seite 26). Den pH-Wert der Färbeflotte kontrollieren und je nach gewünschtem Farbton regulieren wie zuvor beschrieben.
3 Das zuvor angefeuchtete und ausgewrungene Färbegut hineingeben. Darauf achten, dass das Färbegut ganz untergetaucht ist.
4 Ganz allmählich bis auf 85 °C erhitzen. Bei dieser Temperatur etwa 1 Stunde leise köcheln lassen. Regelmäßig (etwa alle 10 Minuten) behutsam umrühren. Um Oxidation und damit marmorierte Färbungen zu vermeiden, darauf achten, dass das Färbegut während des gesamten Färbevorgangs gut untergetaucht ist. Die Hitzezufuhr ausschalten und die Färbeflotte abkühlen lassen.
Bei Seide können Sie auch eine Kaltfärbung oder lauwarme Färbung vornehmen. Dazu das Färbegut 12 Stunden lang in der Flotte lassen, dabei unbedingt regelmäßig umrühren.
5 Wenn die Flotte abgekühlt ist, das Färbegut herausnehmen und auswringen. Im Schatten trocknen lassen. Zum Schluss unter Beachtung der üblichen Vorsichtsmaßnahmen auswaschen (siehe »Waschen«, Seite 58), auch wenn Avocadofärbungen allgemein als wasch- und lichtecht gelten.

Bei Pflanzenfasern wechselt die Farbe durch ein anschließendes kurzes Bad in Eisenessig zu rötlichen oder bläulichen Violetttönen.

Zwiebel

Allium cepa

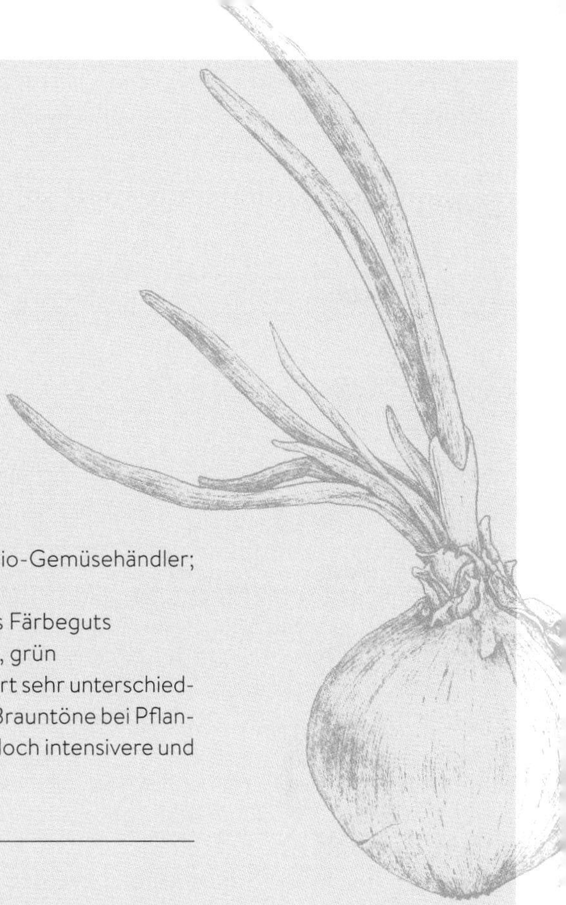

- **Verwendete Teile der Pflanze:** äußere Schalen
- **Erntezeitpunkt:** ganzjährig erhältlich bei Ihrem Bioladen oder Bio-Gemüsehändler; von April bis August im Gemüsegarten
- **Empfohlene Menge:** mindestens 100 % des Trockengewichts des Färbeguts
- **Farbpalette:** gelb, orange, rosa, beige-rosa, rehbraun, aubergine, grün
- **Geeignete Fasern und Beizmittel:** Die Farben fallen je nach Faserart sehr unterschiedlich aus: Gelb- und Orangetöne bei tierischen Fasern, Rosa- und Brauntöne bei Pflanzenfasern. Das Beizen ist nicht notwendig, man erhält dadurch jedoch intensivere und beständigere Farben. Alle Beizpflanzen sind geeignet.

- Die »Ernte« von Zwiebelschalen ist bequem: Am einfachsten findet man sie unten in den Kisten, in denen Zwiebeln angeboten werden. Natürlich empfehle ich Ihnen, Zwiebeln aus kontrolliert biologischem Anbau zu wählen. So können Sie das ganze Jahr über die Abfälle sammeln und in einem Beutel oder Sack aus Kraftpapier oder einer Kiste an einem trockenen Ort aufbewahren.
- Achten Sie darauf, nur die ganz trockenen äußersten Schalen zu verwenden. Sie enthalten mehr Farbstoffe, und Schimmelbildung wird vermieden.
- Rote und gelbe Zwiebeln sind gleichermaßen geeignet. Sie ergeben unterschiedliche Farbtöne. Rote Zwiebeln gehören zu den Pflanzen mit dem höchsten Quercetingehalt.
- Abgesehen davon, dass es wunderschöne Farbtöne liefert, ist Quercetin in der Phytotherapie für seine antientzündliche und antioxidative Wirkung sowie als Antihistaminikum bekannt.

Schritt 1: Auskochen

1 Die Schalen in einen Topf geben und mit Wasser gut bedecken. Über Nacht durchziehen lassen.
2 Allmählich bis zum Köcheln (85 °C) erhitzen. Während des Erhitzens Natron hinzufügen, um einen pH-Wert von 8 zu erhalten. Der Sud verfärbt sich rot. Bei etwa 85 °C mindestens 45 und bis zu 60 oder – je nach Pflanzenmenge – sogar 90 Minuten köcheln lassen. Bei Bedarf verdunstetes Wasser nachfüllen, damit das Pflanzenmaterial gut bedeckt bleibt.
3 Die Hitzezufuhr ausschalten. Die Abkochung abkühlen lassen und durch ein Passiertuch filtrieren. Den Sud auffangen.
Für eine höhere Farbstoffkonzentration können Sie mit dem einmal ausgekochten und im Passiertuch zurückbehaltenen Pflanzenmaterial eine zweite Abkochung zubereiten, abseihen und zur ersten Abkochung geben. Den so erhaltenen Sud über Nacht durchziehen lassen.

Schritt 2: Färben

1 Den Sud in einen ausreichend großen Topf gießen, in dem das Färbegut locker Platz hat.
2 Mit Wasser bis zu einem Verhältnis von etwa 1:20 verdünnen (siehe »Das Wasser«, Seite 26). Den pH-Wert der Färbeflotte kontrollieren (7 bis 8) und bei Bedarf Natron hinzufügen.
3 Das gebeizte oder ungebeizte, zuvor angefeuchtete und ausgewrungene Färbegut hineingeben. Darauf achten, dass das Färbegut ganz untergetaucht ist.
4 Ganz allmählich bis auf 85 °C erhitzen. Bei dieser Temperatur etwa eine Stunde leise köcheln lassen; dabei zwischendurch heißes Wasser nachfüllen, damit das Färbegut stets gut bedeckt ist.
Regelmäßig (etwa alle 10 Minuten) behutsam umrühren. Die Hitzezufuhr ausschalten und die Färbeflotte abkühlen lassen.
Bei Seide können Sie auch eine Kaltfärbung oder lauwarme Färbung vornehmen. Dazu das Färbegut 12 Stunden lang in der Flotte lassen, dabei unbedingt regelmäßig umrühren.
5 Wenn die Flotte abgekühlt ist, das Färbegut herausnehmen und auswringen. Im Schatten trocknen lassen. Zum Schluss unter Beachtung der üblichen Vorsichtsmaßnahmen auswaschen (siehe »Waschen«, Seite 58). Bei Zwiebelschalenfärbungen ist eine Wäsche mit einem Waschmittel auf Seifenbasis kein Problem. Zwiebeln lieben ein alkalisches Milieu, durch das rehbraune Nuancen am schönsten zur Geltung kommen.

Bei Pflanzenfasern wechselt die Farbe durch ein anschließendes kurzes Bad in Eisenessig zu Flaschengrün oder Khaki. Auf zuvor mit Indigo gefärbten Fasern erhalten Sie dunkle Grüntöne

Kurkuma

Curcuma longa

- **Verwendete Teile der Pflanze:** Rhizome
- **Erntezeitpunkt:** ganzjährig erhältlich bei Ihrem Bio-Gemüsehändler
- **Empfohlene Menge:** mindestens 100 % des Trockengewichts des Färbeguts
- **Farbpalette:** Gelbtöne (leuchtend gelb, orangegelb, senfgelb), ziegelrot, rotbraun
- **Geeignete Fasern und Beizmittel:** alle Fasern, tierisch oder pflanzlich. Beizen ist nicht notwendig.

- Die Kurkuma ist eine mehrjährige krautige Pflanze von höchstens 1 Meter Höhe. Sie besitzt zahlreiche Rhizome, die ihre Überdauerungsorgane darstellen. Die Pflanze stammt aus Indien, das bis heute der weltweit größte Erzeuger ist. Als tropische Pflanze benötigt Kurkuma einen nährstoffreichen, durchlässigen Boden, Wärme und Feuchtigkeit.
- Die Rhizome enthalten reichlich Curcuminoide, chemische Verbindungen, die für die gelborange Farbe verantwortlich sind. Ihr Gehalt schwankt je nach Klima und Kurkumasorte.
- Als Pflanze mit langer Geschichte und hoher Symbolkraft ist Kurkuma sicherlich eines der bekanntesten Gewürze. Meist innerhalb von Currymischungen verwendet ist sie mit ihrem charakteristischen Geschmack und ihrer Farbe unverzichtbar in der indischen Küche.
- Zur Verwendung von Kurkuma in der Phytotherapie gibt es zahlreiche Studien: Sie gilt als entzündungshemmend, leber- und nervenschützend, und ihre krebshemmenden Eigenschaften machen sie zu einer bedeutenden Heilpflanze.
- Auch ihr Gebrauch als Färberpflanze hat eine lange Geschichte. In Indien und in ganz Südostasien ist diese Verwendung weit verbreitet. Jeder kennt die gelborange leuchtenden Gewänder der buddhistischen Mönche. In Europa wurde Kurkuma in den Jahrhunderten der Pflanzenfärberei selten gebraucht: Sie diente lediglich dazu, etwas blasse Gelbtöne des Färberwaus zu intensivieren.
- Essbar, heilkräftig und gut zum Färben von Speisen und Textilien sowie der Haut – ganz schön viele Eigenschaften für eine einzige Pflanze. Dennoch hat sie eine Schwachstelle: Die Farben, die sie so großzügig bietet, sind empfindlich und neigen dazu, in der Sonne auszubleichen.

REZEPT

Schritt 1: Auskochen

1 Das Kurkumapulver in einen Topf geben und mit Wasser gut bedecken.
2 Allmählich bis zum Köcheln (90 °C) erhitzen. Regelmäßig behutsam umrühren, sodass es nicht spritzt. Bei etwa 90 °C je nach verwendeter Pflanzenmenge 20 bis 30 Minuten köcheln lassen. Bei Bedarf verdunstetes Wasser nachfüllen, damit das Pflanzenmaterial gut bedeckt bleibt.
3 Die Hitzezufuhr ausschalten. Die Abkochung abkühlen lassen und durch ein Passiertuch filtrieren. Den Sud auffangen und Zitronensaft hinzufügen.

Schritt 2: Färben

1 Den Sud in einen ausreichend großen Topf gießen, in dem das Färbegut locker Platz hat.
2 Mit Wasser bis zu einem Verhältnis von etwa 1:20 verdünnen (siehe »Das Wasser«, Seite 26). Zitronensaft hinzufügen, um einen pH-Wert zwischen 4 und 5 zu erhalten.
3 Das zuvor angefeuchtete und ausgewrungene Färbegut hineingeben. Darauf achten, dass das Färbegut ganz untergetaucht ist.
4 Ganz allmählich bis auf 85 bis 90 °C erhitzen. Bei dieser Temperatur etwa eine Stunde leise köcheln lassen; dabei zwischendurch heißes Wasser nachfüllen, damit das Färbegut stets gut bedeckt ist. Regelmäßig (etwa alle 10 Minuten) behutsam umrühren. Die Hitzezufuhr ausschalten und die Färbeflotte abkühlen lassen.
Bei Seide können Sie auch eine Kaltfärbung oder lauwarme Färbung vornehmen. Dazu das Färbegut 12 Stunden lang in der Flotte lassen, dabei unbedingt regelmäßig umrühren.
5 Wenn die Flotte abgekühlt ist, das Färbegut herausnehmen und auswringen. Im Schatten trocknen lassen. Zum Schluss unter Beachtung der üblichen Vorsichtsmaßnahmen auswaschen (siehe »Waschen«, Seite 58).

Das leuchtende Gelb der Kurkuma ist nicht sehr lichtecht. In der Sonne verblasst es. Daher sollten damit nur Textilien gefärbt werden, die in Innenräumen verwendet werden. Natürlich können Sie auch einfach neu färben, wenn das Gelb seine Strahlkraft verloren hat.
Ich konnte beobachten, dass mit Eisenessig nuancierte Kurkumafärbungen lichtechter sind. Dabei schlägt das Gelb ins Bräunliche, Senfgelbe oder sogar Khakigrüne um, je nach verwendeter Kurkumasorte. Das Abtönen mit Eisenessig ist nur bei Pflanzenfasern möglich.
Bei Pflanzenfasern können Sie auch ein Rotbraun erhalten, indem Sie Ihren Stoff für einige Minuten in Wasser legen, dem Sie etwas Natron zugesetzt haben (pH-Wert 8 bis 9).

Rote Bete

Beta vulgaris

- **Verwendete Teile der Pflanze:** milchsauer vergorener Saft der Knollen
- **Erntezeitpunkt:** Frühsommer bis Herbst
- **Empfohlene Menge:** mindestens 100 % des Trockengewichts des Färbeguts
- **Farbpalette:** violett, bordeauxrot, orangegelb
- **Geeignete Fasern und Beizmittel:** nur tierische Fasern (Wolle und Seide). Das Beizen ist nicht notwendig; ich konnte bei einem Vergleich mit und ohne Beize keinerlei Unterschiede feststellen.

- Zu diesem Rezept hat mich eine Freundin inspiriert, die Köchin und Spezialistin für milchsauer vergorene Gemüse ist. Eines Tages brachte sie mir Töpfe mit milchsauer vergorenem Rote-Bete-Saft und fragte mich, welche Farbtöne man damit färben könne. Sie hatte im Internet gelesen, dass milchsauer vergorener Rote-Bete-Saft dauerhafte Gelbfärbungen ermögliche, ohne nähere Angaben.
- Die Knollen der Roten Bete sind reich an Betalainen, sehr intensiven Farbstoffen. Diese gelten jedoch zu Recht als empfindlich und als schlecht haltbar auf Textilfasern. Hier hatten wir also ein Geheimnis, das meine Neugier weckte und das es zu ergründen galt.
- Ich begab mich sofort an meine Töpfe. Zu meinem großen Erstaunen stellte ich fest, dass man mit milchsauer vergorenem Rote-Bete-Saft rosa-violette, rote und gelborange Farbtöne erzielen konnte, und das ohne vorheriges Beizen. Ich konnte beobachten, dass die unterschiedlichen Nuancen vom Betalaingehalt des Saftes sowie von der Temperatur und der Dauer der Färbung abhängen. Die Farben waren absolut waschecht. Einige Farbtöne sind etwas verblasst, nachdem sie an einem Fenster monatelang der Sonne (UV-Strahlen) ausgesetzt waren.
- All dies sind lediglich meine persönlichen Erfahrungen, und ich wende mich damit an diejenigen, die gern experimentieren und recyceln. Wenn Sie gern Rote Bete mögen und sich mit milchsaurem Vergären auskennen, können Sie mit dem übrig gebliebenen Saft färben, statt ihn wegzuschütten.
- Diese Erfahrung zeigt, dass das milchsaure Vergären nicht nur eine Methode zum Konservieren ist: Die Pflanze wird wahrhaftig verwandelt. Dank der Arbeit der Bakterien werden wenig haltbare Farben beständiger.

Milchsauer vergorener Rote-Bete-Saft

Für einen Topf von 1 Liter Inhalt: 1 kg Rote Bete, ungechlortes Wasser und unraffiniertes Salz

1 Die Rote Bete in Würfel schneiden (Schälen ist nicht notwendig).
2 10 g Salz in 1 Liter Wasser auflösen. Dies ist die Lake.
3 Die Rote-Bete-Würfel in das Gärgefäß geben und mit der Lake bis 2 cm unter dem Rand aufgießen. Das Gemüse muss vollständig bedeckt sein.
4 Das Gefäß mit einer Gummidichtung luftdicht verschließen. An einem Platz mit gleichbleibend kühler Temperatur (zwischen 16 und 18 °C) mindestens sechs Monate reifen lassen.
Je länger die Reifezeit, desto höher der Betalaingehalt des Saftes.

Färben

1 Den Saft in einen ausreichend großen Topf gießen, in dem das Färbegut locker Platz hat.
2 Mit weichem Wasser (am besten Regenwasser) bis zu einem Verhältnis von etwa 1:20 verdünnen (siehe »Das Wasser«, Seite 26).
3 Das zuvor angefeuchtete und ausgewrungene Färbegut hineingeben. Darauf achten, dass das Färbegut ganz untergetaucht ist.
4 Ganz allmählich erhitzen, dabei regelmäßig umrühren. Unterhalb des Siedepunktes, bei etwa 80 °C, ist der Farbton eher rosa-violett. Darüber entstehen Rottöne. Regelmäßig (etwa alle 10 Minuten) behutsam umrühren.
5 Wenn der gewünschte Farbton erreicht ist, die Hitzezufuhr ausschalten und die Färbeflotte abkühlen lassen. Dann das Färbegut herausnehmen.

Wenn Sie das Farbbad ein zweites Mal verwenden, erhalten Sie eher orangegelbe Farbtöne.

Karotte

Daucus carota subsp.sativus

- **Verwendete Teile der Pflanze:** frisches Grün
- **Erntezeitpunkt:** Frühjahr bis Herbst im Gemüsegarten oder bei Ihrem Bio-Gemüsehändler
- **Empfohlene Menge:** mindestens 400 % des Trockengewichts des Färbeguts
- **Farbpalette:** Gelbtöne
- **Geeignete Fasern und Beizmittel:** tierische Fasern (Wolle oder Seide) mit einer Vorbeize aus Rote-Bete-Blättern

---

- Die Idee, für eine zu 100 % pflanzliche Färbung Karottengrün auszukochen, kam mir, als ich beim Bio-Gemüsehändler auf dem Markt die Kisten voller Karottengrün und Rote-Bete-Blättern sah, die für die Hühner oder für den Kompost bestimmt waren: Ich bat darum, einen Teil davon zu bekommen.
- Zu Hause wog ich rasch meine »Ernte«, warf Karottengrün und Rote-Bete-Blätter zusammen in einen großen Topf und erhitzte das Ganze. Dabei ging es mir nicht darum, das allerschönste Gelb zu erhalten, sondern darum, auf einfache Weise allein mit Gemüseblättern zu färben.
- Im Gegensatz zu Avocadoschalen oder Zwiebelschalen, mit denen man ohne Beize färben kann, benötigt Karottengrün eine Vorbeize. Dazu eignen sich die Rote-Bete-Blätter sehr gut. Sie können jedoch auch mit einer beliebigen anderen Beizpflanze experimentieren.
- Die Abkochung mehrere Tage durchziehen lassen, um ihre Qualität zu verbessern.

REZEPT

Schritt 1: Auskochen

1 Das sehr klein geschnittene Karottengrün in einen Topf geben und mit Wasser gut bedecken. Über Nacht durchziehen lassen.
2 Allmählich bis zum Köcheln (90 °C) erhitzen. Während des Erhitzens Natron hinzufügen, um einen pH-Wert von 8 zu erhalten. Der Sud verfärbt sich rot. Bei etwa 90 °C mindestens 45 und bis zu 60 oder – je nach Pflanzenmenge – sogar 90 Minuten köcheln lassen. Bei Bedarf verdunstetes Wasser nachfüllen, damit das Pflanzenmaterial gut bedeckt bleibt.
3 Die Hitzezufuhr ausschalten. Die Abkochung abkühlen lassen und durch ein Passiertuch filtrieren. Den Sud auffangen.
Den so erhaltenen Absud mindestens über Nacht durchziehen lassen.

Schritt 2: Färben

1 Den Sud in einen ausreichend großen Topf gießen, in dem das Färbegut locker Platz hat.
2 Mit Wasser bis zu einem Verhältnis von etwa 1:20 verdünnen (siehe »Das Wasser«, Seite 26). Den pH-Wert der Färbeflotte kontrollieren (zwischen 7 und 8). Bei Bedarf etwas Natron hinzufügen.
3 Das zuvor gebeizte, angefeuchtete und ausgewrungene Färbegut hineingeben. Darauf achten, dass das Färbegut ganz untergetaucht ist.
4 Ganz allmählich bis auf 85 bis 90 °C erhitzen. Bei dieser Temperatur etwa eine Stunde leise köcheln lassen; dabei zwischendurch heißes Wasser nachfüllen, damit das Färbegut stets gut bedeckt ist.
Regelmäßig (etwa alle 10 Minuten) behutsam umrühren. Die Hitzezufuhr ausschalten und die Färbeflotte abkühlen lassen.
Bei Seide können Sie auch eine Kaltfärbung oder lauwarme Färbung vornehmen. Dazu das Färbegut 12 Stunden lang in der Flotte lassen, dabei unbedingt regelmäßig umrühren.
5 Wenn die Flotte abgekühlt ist, das Färbegut herausnehmen und auswringen. Im Schatten trocknen lassen.
Zum Schluss unter Beachtung der üblichen Vorsichtsmaßnahmen auswaschen (siehe »Waschen«, Seite 58).

Rhabarber

Rheum

- **Verwendete Teile der Pflanze:** frische oder getrocknete und pulverisierte Wurzeln
- **Erntezeitpunkt:** im Laufe des Sommers. Falls Sie keinen Rhabarber im Garten haben, können Sie sich im Kräuterhandel oder bei auf das Pflanzenfärben spezialisierten Händlern Rhabarberwurzel geschnitten oder in Pulverform kaufen.
- **Empfohlene Menge:** bei getrockneten Wurzeln 100 % des Trockengewichts des Färbeguts, bei frischen Wurzeln 200 %
- **Farbpalette:** Gelbtöne, Orangegelb
- **Geeignete Fasern und Beizmittel:** am besten geeignet für tierische Fasern (Wolle oder Seide). Es kann jede Art von Beizmittel verwendet werden.

- Rhabarber ist eine ausdauernde krautige Pflanze aus der Familie der Knöterichgewächse (*Polygonaceae*). Es gibt zahlreiche Arten, etwa den Chinesischen Rhabarber oder Medizinal-Rhabarber (*Rheum palmatum* oder *Rheum officinale*) oder auch den Rhapontik-Rhabarber (Sibirischer Rhabarber, *Rheum rhaponticum*).
- Der Rhabarber stammt aus China und Tibet, wo er noch wild anzutreffen ist. Er kann bis zu 2 Meter hoch werden und hat große, lappige Blätter.
- Im Garten werden an unser Klima angepasste Rhabarberhybriden angebaut, aus denen man vorzügliche Tartes oder Konfitüre zubereiten kann. Im Zuge des Klimawandels und den immer längeren Trockenperioden gedeiht der Rhabarber im Garten oft nicht mehr so gut. Er liebt sonnige, aber im Sommer frische Standorte mit tiefgründigen, nährstoffreichen und gut durchlässigen Böden.
- Rhabarber ist eine Heilpflanze der Traditionellen Chinesischen Medizin und gilt vor allem als stoffwechselanregend, blutreinigend und entschlackend.
- Seine Verwendung als Färberpflanze reicht weit zurück. Ähnlich wie der Färberwau für die Europäer des 18. Jahrhunderts diente er in Tibet als Hauptquelle für Gelb- und Orangefärbungen, die man auch in den fantastischen Tibetteppichen sieht.
- Er ist eine Färberpflanze, die ich besonders schätze, da er bei einer Vorbeize mit Rote-Bete-Blättern wunderschöne Gelbtöne von Goldgelb über Senfgelb bis hin zu Orange hervorbringt.
- In der Färberei ist er ein Multitalent: Seine oxalsäurereichen Blätter (siehe Seite 37) können zum Beizen dienen, seine Wurzeln liefern die Farbe.
- Seine Konzentration an Anthrachinonen (Anthrocenderivaten) ist verantwortlich für die Gelbfärbung – sie schwankt je nach Rhabarbersorte. Dies erklärt die unterschiedlichen Nuancen je nach Pflanze, aber auch je nach Saison.

REZEPT

Schritt 1: Auskochen

1 Die pulverisierten oder sehr klein geschnittenen Wurzeln in einen Topf geben und mit Wasser gut bedecken.
2 Allmählich bis zum Köcheln (85 °C) erhitzen. Regelmäßig umrühren. Bei etwa 85 °C je nach Pflanzenmenge 30 bis 60 Minuten köcheln lassen. Bei Bedarf verdunstetes Wasser nachfüllen, damit das Pflanzenmaterial gut bedeckt bleibt.
3 Die Hitzezufuhr ausschalten. Die Abkochung abkühlen lassen und durch ein Passiertuch filtrieren. Den Sud auffangen und Zitronensaft hinzufügen, um einen pH-Wert zwischen 4 und 6 zu erhalten.
Für eine höhere Farbstoffkonzentration können Sie mit dem im Passiertuch zurückbehaltenen Pflanzenmaterial einen zweiten Absud zubereiten, abseihen und zum ersten Absud geben.

Schritt 2: Färben

1 Den Sud in einen ausreichend großen Topf gießen, in dem das Färbegut locker Platz hat.
2 Mit Wasser bis zu einem Verhältnis von etwa 1:20 verdünnen (siehe »Das Wasser«, Seite 26). Den pH-Wert der Färbeflotte kontrollieren (zwischen 4 und 6). Bei Bedarf etwas Zitronensaft hinzufügen.
3 Das zuvor gebeizte, angefeuchtete und ausgewrungene Färbegut hineingeben. Darauf achten, dass das Färbegut ganz untergetaucht ist.
4 Ganz allmählich bis auf 85 bis 90 °C erhitzen. Bei dieser Temperatur etwa eine Stunde leise köcheln lassen; dabei zwischendurch heißes Wasser nachfüllen, damit das Färbegut stets gut bedeckt ist.
Regelmäßig (etwa alle 10 Minuten) behutsam umrühren. Die Hitzezufuhr ausschalten und die Färbeflotte abkühlen lassen.
Bei Seide können Sie auch eine Kaltfärbung oder lauwarme Färbung vornehmen. Dazu das Färbegut 12 Stunden lang in der Flotte lassen, dabei unbedingt regelmäßig umrühren.
5 Wenn die Flotte abgekühlt ist, das Färbegut herausnehmen und auswringen. Im Schatten trocknen lassen. Zum Schluss unter Beachtung der üblichen Vorsichtsmaßnahmen auswaschen (siehe »Waschen«, Seite 58).

Gelbfärbungen mit Rhabarber sind licht- und waschecht. Mit leicht saurem Wasser gewaschen, behalten sie ihre Leuchtkraft.
Auf zuvor mit Indigo gefärbter Wolle erhält man schöne Grüntöne, auf mit Roter Bete vorgebeizter Wolle leuchtende Orangetöne.

AM WEGESRAND: WILDPFLANZEN

Entlang von Feld- und Wiesenwegen, in Gräben oder an Straßenböschungen findet sich oft eine große Artenvielfalt. Wildpflanzen gedeihen ohne Kultivierung oder Behandlung und bieten der Tierwelt Schutz und Unterschlupf.

Wenn man sich für das Pflanzenfärben interessiert, wird man diese Flora aufmerksam betrachten, die je nach Standort – frisch und feucht, waldig oder auch karg und trocken – ganz verschieden ausfällt.
Ich werde Ihnen von den Pflanzen erzählen, die ich in meiner Umgebung sammeln konnte, doch natürlich gibt es noch viele, viele andere.

Leider werden Wildpflanzen immer noch zu oft als Unkraut angesehen. Oder wie es der Botaniker Gérard Ducerf so treffend ausdrückt: »Unkraut ist nur eine Pflanze, deren Nutzen man nicht kennt.« Beim Pflanzenfärben können Sie entdecken, welche wunderbaren Eigenschaften in den Wildpflanzen verborgen liegen.

Goldrute

Goldraute oder Solidago

Solidago virgaurea

- **Verwendete Teile der Pflanze:** obere blühende Teile
- **Erntezeitpunkt:** Spätsommer oder Frühherbst, zum Zeitpunkt der Samenbildung
- **Empfohlene Menge:** bei getrockneten Pflanzen 100 % des Trockengewichts des Färbeguts, bei Frischpflanzen 200–300 %
- **Farbpalette:** gelb
- **Geeignete Fasern und Beizmittel:** geeignet für alle Faserarten, doch die schönsten Gelbtöne erzielt man auf Wolle und Seide. Das Vorbeizen ist erforderlich. Für leuchtendes Gelb empfiehlt sich eine Beize mit Symplocos.

- Diese anspruchslose, robuste Staude aus der Familie der Korbblütler (*Asteraceae*) ist im Spätsommer eine ausgezeichnete Bienenweide. Gegen Ende der Saison überziehen ihre hohen Blütenstängel Böschungen und Gräben entlang der Straße mit einem goldgelben Schimmer. In meiner Umgebung kann ich sie auch am Rand von Nadelwäldern finden. Sie liebt sonnige Standorte mit fruchtbarem, durchlässigem Boden.
- Die Goldrute an unserem Wegesrand (Gewöhnliche Goldrute, *Solidago virgaurea*) stammt aus Europa und ist von ihren amerikanischen Verwandten, der Kanadischen Goldrute (*Solidago canadensis*) und der Riesen-Goldrute (*Solidago gigantea*) zu unterscheiden, die leider invasive Tendenzen zeigen und der Artenvielfalt schaden können.
- Seit dem Mittelalter ist die Goldrute eine anerkannte Heilpflanze. Sie wurde zur Wundheilung verwendet – daher ihr Name, der sich vom Begriff solidare, also befestigen (von Wundrändern), ableitet. Heute gilt sie in der Phytotherapie als eine der wichtigsten Pflanzen zur Behandlung von Entzündungen der Harnwege. Aufgrund ihres hohen Gehalts an Flavonoiden, vor allem an Quercitin (der chemischen Verbindung, die für die Gelbfärbung verantwortlich ist), verfügt sie über antioxidative, antimikrobielle und pilzhemmende Eigenschaften. Auch zur Entgiftung wird sie eingesetzt.
- Achten Sie auf Ihren Spaziergängen im Spätsommer auf die Straßenböschungen. Das leuchtende Gelb der Goldruten zieht automatisch Ihre Blicke auf sich. So können Sie sie zu Beginn der Blütezeit pflücken (unter Beachtung der für die Wildsammlung geltenden Regeln, siehe Seite 25). Ich empfehle Ihnen die Verwendung der Frischpflanze, die Sie zu Hause mithilfe eines Häckslers zerkleinern können.

REZEPT

Schritt 1: Auskochen

1 Die sehr klein geschnittenen Blüten in einen Topf geben und mit (möglichst kalkhaltigem) Wasser gut bedecken. Bei weichem Wasser eine Prise Kreidepulver (Schlämmkreide, Blanc de Meudon) hinzufügen. Über Nacht durchziehen lassen.
2 Allmählich bis zum Köcheln (85 bis 90 °C) erhitzen. Bei dieser Temperatur je nach Pflanzenmenge 20 bis 60 Minuten köcheln lassen.
3 Die Hitzezufuhr ausschalten. Die Abkochung abkühlen lassen und durch ein Passiertuch filtrieren. Den Sud auffangen.

Schritt 2: Färben

1 Den Sud in einen ausreichend großen Topf gießen, in dem das Färbegut locker Platz hat.
2 Mit (am besten möglichst hartem) Wasser bis zu einem Verhältnis von etwa 1:20 verdünnen (siehe »Das Wasser«, Seite 26).
3 Das zuvor gebeizte, angefeuchtete und ausgewrungene Färbegut hineingeben. Darauf achten, dass das Färbegut ganz untergetaucht ist.
4 Ganz allmählich bis auf 85 bis 90 °C erhitzen. Bei dieser Temperatur mindestens 20 und bis zu 60 Minuten leise köcheln lassen.
Regelmäßig (etwa alle 10 Minuten) behutsam umrühren. Die Hitzezufuhr ausschalten und die Färbeflotte abkühlen lassen.
Bei Seide können Sie auch eine Kaltfärbung oder lauwarme Färbung vornehmen. Dazu das Färbegut 12 Stunden lang in der Flotte lassen, dabei unbedingt regelmäßig umrühren.
5 Wenn die Flotte abgekühlt ist, das Färbegut herausnehmen und auswringen. Im Schatten trocknen lassen. Zum Schluss unter Beachtung der üblichen Vorsichtsmaßnahmen auswaschen (siehe »Waschen«, Seite 58).
Wenn das verwendete Wasser – wie in meiner Gegend – sehr kalkarm und leicht sauer ist, können Sie durch Zugabe von etwas Geschirrspülmittel oder Kreide intensivere Gelbtöne erzielen.

Weiß blühende Wildblumen

Gemeine Schafgarbe, Echte Kamille (auch Deutsche Kamille), Wilde Möhre

Achillea millefolium, Matricaria chamomilla, Daucus carota

- **Verwendete Teile der Pflanze:** obere blühende Teile
- **Erntezeitpunkt:** im Sommer zur Hauptblütezeit
- **Empfohlene Menge:** bei Frischpflanzen mindestens 400 % des Trockengewichts des Färbeguts (die Verwendung von Frischpflanzen ist zu empfehlen)
- **Farbpalette:** mehr oder weniger kräftige Gelbtöne, teils ins Grünliche changierend; bräunliches Gelb
- **Geeignete Fasern und Beizmittel:** für alle Fasern geeignet. Für intensivere Gelbfärbungen zum Beizen am besten grünen Tee, Knöterichblätter (Japan-Knöterich) oder auch Symplocos verwenden.

- Sie sind einfach da – unscheinbar besiedeln sie vom Menschen vernachlässigte Orte, unbebautes Land, Brachen, trockene Straßenböschungen, Ränder von Feldwegen, wasserarme Wiesen und sonnige Eckchen im Garten.
- Diese hinreißenden, anmutigen Wildpflanzen lassen einen immer wieder staunen, wenn sie sich im Garten einfinden: Zäh, robust und genügsam suchen sie sich ein Plätzchen neben den Gartenblumen und verleihen dem Garten einen Hauch von Poesie. Es ist einfach zauberhaft, wenn die Blüten der Wilden Möhre im sommerlichen Abendlicht leuchten.
- Weitverbreitete Wildpflanzen gelten oft als unerwünschtes Unkraut, auch wenn die Menschen in früheren Zeiten ihren Nutzen schätzten.
- So verwendeten unsere Vorfahren die oberirdischen Teile der Wilden Möhre als harntreibendes Mittel. Die Anwendungsgebiete der Gemeinen Schafgarbe ähneln denen der Echten Kamille: Beide sind vor allem für ihre entzündungshemmenden und antibakteriellen Eigenschaften bekannt.
- Die Gelbtöne, die man mit diesen hübschen Wildblumen erzielen kann, fallen je nach Erntezeitpunkt, Saison, verwendeter Beizpflanze, Temperatur und Dauer der Färbung unterschiedlich aus. Meiner Erfahrung nach erhält man bei einer Ernte zu Beginn der Saison und bei einer Temperatur der Färbeflotte unter 85 °C eher grünliche Gelbtöne.

Schritt 1: Auskochen

1 Die sehr klein geschnittenen Blüten in einen Topf geben. Lediglich die Blüten der Echten Kamille lässt man ganz. Mit Wasser gut bedecken und über Nacht durchziehen lassen.
2 Allmählich bis kurz unterhalb des Köchelns (80 °C) erhitzen. Bei Bedarf etwas Natron hinzufügen, um einen pH-Wert von 8 zu erhalten. Bei 80 °C je nach Pflanzenmenge mindestens 45 und für kräftigere Gelbtöne bis zu 60 Minuten köcheln lassen. Für gelbbraune Nuancen die Temperatur bis zum Köcheln erhöhen. Die Dauer der Heißfärbung richtet sich nach der Pflanzenmenge und liegt zwischen 30 und 90 Minuten. Bei Bedarf verdunstetes Wasser nachfüllen, damit das Pflanzenmaterial gut bedeckt bleibt.
3 Die Hitzezufuhr ausschalten. Die Abkochung abkühlen lassen und durch ein Passiertuch filtrieren. Den aufgefangenen Sud einige Stunden durchziehen lassen.

Schritt 2: Färben

1 Den Sud in einen ausreichend großen Topf gießen, in dem das Färbegut locker Platz hat.
2 Mit Wasser bis zu einem Verhältnis von etwa 1:20 verdünnen (siehe »Das Wasser«, Seite 26). Den pH-Wert der Färbeflotte kontrollieren. Bei Bedarf etwas zuvor in heißem Wasser aufgelöstes Natron hinzufügen, um einen pH-Wert von 8 zu erhalten.
3 Das zuvor gebeizte, angefeuchtete und ausgewrungene Färbegut hineingeben. Darauf achten, dass das Färbegut ganz untergetaucht ist.
4 Ganz allmählich erhitzen, und zwar je nach gewünschter Nuance bis zum Köcheln (85 °C) oder knapp darunter (80 °C). Bei dieser Temperatur 30 bis 60 Minuten ziehen beziehungsweise leise köcheln lassen. Bei Bedarf verdunstetes Wasser nachfüllen, damit das Pflanzenmaterial gut bedeckt bleibt.
Regelmäßig (etwa alle 10 Minuten) behutsam umrühren. Die Hitzezufuhr ausschalten und die Färbeflotte abkühlen lassen.
Bei Seide können Sie auch eine Kaltfärbung oder lauwarme Färbung vornehmen. Dazu das Färbegut 12 Stunden lang in der Flotte lassen, dabei unbedingt regelmäßig umrühren.
5 Wenn die Flotte abgekühlt ist, das Färbegut herausnehmen und auswringen. Im Schatten trocknen lassen. Zum Schluss unter Beachtung der üblichen Vorsichtsmaßnahmen auswaschen (siehe »Waschen«, Seite 58).

Echtes Johanniskraut

Tüpfel-Johanniskraut, auch Tüpfel-Hartheu, Durchlöchertes Johanniskraut

Hypericum perforatum

- **Verwendete Teile der Pflanze:** vorzugsweise obere blühende Teile, doch alle Teile der Pflanze sind färbend
- **Erntezeitpunkt:** im Verlauf des Sommers, zu Beginn der Blüte
- **Empfohlene Menge:** bei Frischpflanzen mindestens 400 % des Trockengewichts des Färbeguts, bei getrockneten Pflanzen 100–150 %. Getrocknetes Johanniskraut hat einen höheren Farbstoffgehalt.
- **Farbpalette:** gelb, rehbraun, rosa, bräunliches Rosa
- **Geeignete Fasern und Beizmittel:** geeignet für alle Faserarten, am besten jedoch für tierische Fasern. Für Gelbtöne auf Wolle oder Seide eine Symplocos-Beize verwenden.

- Johanniskraut ist eine Staude aus der Familie der Johanniskrautgewächse (*Hypericaceae*). Es ist sehr verbreitet und wächst zum Beispiel in Frankreich bis auf 2.000 Meter Höhe. Sie finden es an Wegrändern und Straßenböschungen, auf Brachen und Freiflächen, auf Wiesen und sogar in Ihrem Garten. An den Boden stellt es keine großen Ansprüche, es benötigt nur einen sonnigen Standort. Trockenheit macht ihm nichts aus. Aufgrund seiner Anpassungsfähigkeit ist es eine Pionierpflanze.
- Man erkennt es leicht an seinen kleinen, leuchtend gelben fünfblättrigen Blüten, die wie kleine Sonnen strahlen, und an den ovalen Blättchen, die gegen das Licht betrachtet wie perforiert aussehen (daher »Tüpfel-« oder »Durchlöchertes Johanniskraut«).
- Aufgrund seiner antiseptischen und entzündungshemmenden Wirkstoffe wird es schon seit der Antike zur Wundheilung und zur Behandlung leichter Verbrennungen verwendet.
- Im 15. Jahrhundert bezeichnete der berühmte Schweizer Arzt, der Paracelsus genannt wurde, das Johanniskraut als »Universalmedizin« auch bei psychischen Beschwerden.
- Heute belegen zahlreiche wissenschaftliche Studien die Wirksamkeit des Johanniskrauts bei leichten bis mittelschweren Depressionen.
- Die Blüten des Johanniskrauts sind essbar und können hübsch über einen Salat gestreut werden.
- Mit Johanniskraut kann man ein wunderbares Massageöl herstellen, das gegen Sonnenbrand oder bei Hexenschuss hilft: Eine Handvoll Blüten in eine zu drei Vierteln gefüllte Flasche mit Olivenöl geben und das Ganze drei Wochen in der Sonne durchziehen lassen.
- Die Vielzahl der Inhaltsstoffe des Johanniskrauts erklärt die breite Farbpalette, die man je nach Verfahren damit erhalten kann.

REZEPT

Schritt 1: Auskochen

1 Die sehr klein geschnittenen blühenden Stängel in einen Topf geben. Mit Wasser gut bedecken und über Nacht durchziehen lassen.
2 Allmählich bis zum Köcheln (85 bis 90 °C) erhitzen. Bei dieser Temperatur je nach Pflanzenmenge mindestens 45 und bis zu 60 Minuten köcheln lassen. Bei Bedarf verdunstetes Wasser nachfüllen, damit das Pflanzenmaterial gut bedeckt bleibt.
3 Die Hitzezufuhr ausschalten. Die Abkochung abkühlen lassen und durch ein Passiertuch filtrieren. Den aufgefangenen Sud über Nacht durchziehen lassen.

Schritt 2: Färben

1 Den Sud in einen ausreichend großen Topf gießen, in dem das Färbegut locker Platz hat.
2 Mit Wasser bis zu einem Verhältnis von etwa 1:20 verdünnen (siehe »Das Wasser«, Seite 26). Den pH-Wert der Färbeflotte kontrollieren. Auf Wolle erzielt man mit einem pH-Wert um 4 rosafarbene Nuancen. Dazu etwas Zitronensaft in die Färbeflotte geben. Bei einem pH-Wert von 7 erhält man auf tierischen, mit Symplocos vorgebeizten Fasern gelbe Farbtöne.
3 Das zuvor gebeizte, angefeuchtete und ausgewrungene Färbegut hineingeben. Darauf achten, dass das Färbegut ganz untergetaucht ist.
4 Ganz allmählich zum Kochen bringen. Etwa 30 bis 60 Minuten kochen lassen. Bei Bedarf verdunstetes Wasser nachfüllen, damit das Pflanzenmaterial gut bedeckt bleibt.
Regelmäßig (etwa alle 10 Minuten) behutsam umrühren. Die Hitzezufuhr ausschalten und die Färbeflotte abkühlen lassen.
Bei Seide können Sie auch eine Kaltfärbung oder lauwarme Färbung vornehmen. Dazu das Färbegut 12 Stunden lang in der Flotte lassen, dabei unbedingt regelmäßig umrühren.
5 Wenn die Flotte abgekühlt ist, das Färbegut herausnehmen und auswringen. Im Schatten trocknen lassen. Zum Schluss unter Beachtung der üblichen Vorsichtsmaßnahmen auswaschen (siehe »Waschen«, Seite 58).

Besenheide

Heidekraut

Calluna vulgaris

- **Verwendete Teile der Pflanze:** blühende Zweige
- **Erntezeitpunkt:** Spätsommer und Frühherbst
- **Empfohlene Menge:** bei getrockneten Pflanzen 100–200 % des Trockengewichts des Färbeguts, bei Frischpflanzen 200–400 %.
- **Farbpalette:** gelb, orangegelb, rosa, bräunliches Rosa
- **Geeignete Fasern und Beizmittel:** Die Farbtöne fallen je nach Faserart sehr unterschiedlich aus – Gelb- und Orangetöne bei tierischen Fasern, Rosa- und Brauntöne bei Pflanzenfasern. Vorbeizen ist notwendig. Die Farbtöne variieren auch je nach Beizpflanze und pH-Wert. Für Gelbtöne auf Wolle oder Seide empfiehlt sich eine Symplocos-Beize.

- Die Besenheide ist ein ausdauernder, verholzender, immergrüner Zwergstrauch aus der Familie der Heidekrautgewächse (*Ericaceae*). Die lateinische Bezeichnung Calluna ist eine Ableitung des griechischen »kalynein« und bedeutet »verschönern« oder »reinigen« – diese Bezeichnung verweist, wie die Bezeichnung »Besenheide« darauf, dass das Heidekraut früher zur Herstellung von Besen verwendet wurde.
- Die Besenheide ist ein typischer Anzeiger saurer, magerer Böden.
- Sie ist in ganz Europa verbreitet, vor allem in Mittel- und Nordeuropa, in Heidelandschaften, lichten Gehölzen und an Waldrändern. In Frankreich kommt sie gehäuft im Zentralmassiv vor und überzieht die kahlen Gipfel mit ihrem rotvioletten Schimmer. Die Besenheide kann mit der verwandten Grauen Heide verwechselt werden, die jedoch eher in Westeuropa (etwa der Westhälfte Frankreichs) vorkommt.
- Sie ist sehr robust, frosthart und unempfindlich gegen Trockenheit. Daher kann sie sehr alt werden, bis zu vierzig Jahre! Sie bildet ein tiefes Wurzelwerk aus und lebt dabei in Symbiose mit einem Wurzelpilz, der sie mit Mineralstoffen versorgt – sehr nützlich auf den kargen, sauren Böden, die sie besiedelt!
- Ihre kleinen glockenförmigen Blüten locken zahlreiche Insekten an. In der Phytotherapie wird die Besenheide vor allem bei Infektionen der Harnwege eingesetzt.
- Im Spätsommer können Sie ein paar Arm voll blühender Zweige ernten, natürlich unter Beachtung der Regeln zum Sammeln von Wildpflanzen, um der Artenvielfalt nicht zu schaden. Sie können die Besenheide frisch oder getrocknet verwenden.

Schritt 1: Auskochen

1 Die sehr klein geschnittenen blühenden Zweige in einen Topf geben. Mit Wasser gut bedecken und mindestens über Nacht durchziehen lassen.
2 Allmählich bis zum Köcheln (85 bis 90 °C) erhitzen. Bei dieser Temperatur je nach Pflanzenmenge mindestens 45 und bis zu 60 Minuten köcheln lassen. Bei Bedarf verdunstetes Wasser nachfüllen, damit das Pflanzenmaterial gut bedeckt bleibt.
3 Die Hitzezufuhr ausschalten. Die Abkochung abkühlen lassen und durch ein Passiertuch filtrieren. Den Sud auffangen.

Schritt 2: Färben

1 Den Sud in einen ausreichend großen Topf gießen, in dem das Färbegut locker Platz hat.
2 Mit Wasser bis zu einem Verhältnis von etwa 1:20 verdünnen (siehe »Das Wasser«, Seite 26).
Den pH-Wert der Färbeflotte kontrollieren. Auf Wolle erzielt man mit einem pH-Wert um 6 eher orangegelbe Nuancen. Wenn Sie dies nicht möchten, geben Sie etwas Zitronensaft in die Färbeflotte. Bei einem pH-Wert von 8 oder mehr erhält man eher rosa Farbtöne, vor allem auf Pflanzenfasern. Wenn Sie dies nicht möchten, geben Sie etwas in heißem Wasser aufgelöstes Natron hinzu.
3 Das zuvor gebeizte, angefeuchtete und ausgewrungene Färbegut hineingeben. Darauf achten, dass das Färbegut ganz untergetaucht ist.
4 Ganz allmählich zum Kochen bringen. Etwa 30 bis 60 Minuten kochen lassen. Bei Bedarf verdunstetes Wasser nachfüllen, damit das Pflanzenmaterial gut bedeckt bleibt.
Regelmäßig (etwa alle 10 Minuten) behutsam umrühren. Die Hitzezufuhr ausschalten und die Färbeflotte abkühlen lassen.
Bei Seide können Sie auch eine Kaltfärbung oder lauwarme Färbung vornehmen. Dazu das Färbegut 12 Stunden lang in der Flotte lassen, dabei unbedingt regelmäßig umrühren.
5 Wenn die Flotte abgekühlt ist, das Färbegut herausnehmen und auswringen. Im Schatten trocknen lassen. Zum Schluss unter Beachtung der üblichen Vorsichtsmaßnahmen auswaschen (siehe »Waschen«, Seite 58).

Stumpfblättriger Sauerampfer

Rumex obtusifolius

- **Verwendete Teile der Pflanze:** Stängel mit den ausgebildeten Samen
- **Erntezeitpunkt:** Spätsommer und Herbst
- **Empfohlene Menge:** bei getrockneten Pflanzen mindestens 400 % des Trockengewichts des Färbeguts
- **Farbpalette:** orange, lachsrosa, rosa, bräunliches Rosa
- **Geeignete Fasern und Beizmittel:** geeignet für alle Faserarten. Auf tierischen Fasern erhalten Sie eher Orangetöne, auf Pflanzenfasern eher rosa Nuancen. Das Vorbeizen ist fakultativ, wird jedoch sehr empfohlen.

- Alle möglichen Arten von Ampfer sind zum Färben geeignet.
- Die Gattung Ampfer – ausdauernde, krautige Pflanzen – (*Rumex*) gehört zur Familie der Knöterichgewächse (*Polygonaceae*) und umfasst etwa 130 Arten. Laut dem Botaniker Gérard Ducer, der Spezialist für Zeigerpflanzen ist, weisen fast alle Ampferarten auf einen schlechten Boden hin, z. B. auf die Zerstörung des für die Bodenfruchtbarkeit notwendigen Ton-Humus-Komplexes, Staunässe und fehlende Zersetzung organischen Materials aufgrund verdichteter Böden ...
- Besonders die Arten Alpen-Ampfer (*Rumex alpinus*), Garten-Ampfer (*Rumex patienta*), Stumpfblättriger Sauerampfer (*Rumex obtusifolius*) oder auch Krauser Ampfer (*Rumex crispus*) sind in ganz Europa verbreitet.
- Sehr bekannt und verbreitet ist auch der Wiesen-Sauerampfer (*Rumex acetosa*). Dies ist der Sauerampfer, den wir aus dem Garten kennen und der schon seit langer Zeit als Gemüse angebaut wird. Wild findet man ihn auf leicht sauren Wiesen. Er ist die einzige Ampferart, die auf ein gutes Gleichgewicht im Boden hinweist. Wächst er in ihrem Garten, ist das also ein gutes Zeichen.
- Die Blätter des Ampfers enthalten Oxalsäure (der Gehalt hängt von Sorte und Alter der Pflanze ab) und können zum Beizen von Wolle mit einem schönen Gelbton verwendet werden (siehe Seite 37). Die langen Pfahlwurzeln sind reich an Gerbstoffen und Eisen und können getrocknet und zerkleinert ebenfalls als pflanzliche Beize dienen.
- Doch dank der farbigen Gerbstoffe und Chinone, die in den oberirdischen Teilen, vor allem aber in den Wurzeln enthalten sind, kann man mit dem Ampfer auch färben.
- Für etwas kräftigere Farben empfehle ich Ihnen das Vorbeizen, entweder mit den Blättern (zum Färben von Wolle) oder den Wurzeln (zum Färben von Baumwolle).

REZEPT

Schritt 1: Auskochen

1 Die zerkleinerten Stängel in einen Topf geben und mit Wasser gut bedecken.
2 Allmählich bis zum Köcheln (85 bis 90 °C) erhitzen. Bei dieser Temperatur je nach Pflanzenmenge mindestens 45 und bis zu 60 Minuten köcheln lassen. Bei Bedarf verdunstetes Wasser nachfüllen, damit das Pflanzenmaterial gut bedeckt bleibt.
3 Die Hitzezufuhr ausschalten. Die Abkochung abkühlen lassen und durch ein Passiertuch filtrieren. Den Sud auffangen.

Schritt 2: Färben

1 Den Sud in einen ausreichend großen Topf gießen, in dem das Färbegut locker Platz hat.
2 Mit Wasser bis zu einem Verhältnis von etwa 1:20 verdünnen (siehe »Das Wasser«, Seite 26). Den pH-Wert der Färbeflotte kontrollieren. Bei Pflanzenfasern für einen pH-Wert von 8 etwas in heißem Wasser aufgelöstes Natron hinzufügen – so erhalten Sie eher rosa Farbtöne.
3 Das zuvor gebeizte, angefeuchtete und ausgewrungene Färbegut hineingeben. Darauf achten, dass das Färbegut ganz untergetaucht ist.
4 Ganz allmählich zum Kochen bringen. Etwa 30 bis 60 Minuten kochen lassen. Bei Bedarf verdunstetes Wasser nachfüllen, damit das Pflanzenmaterial gut bedeckt bleibt.
Regelmäßig (etwa alle 10 Minuten) behutsam umrühren. Die Hitzezufuhr ausschalten und die Färbeflotte abkühlen lassen.
Bei Seide können Sie auch eine Kaltfärbung oder lauwarme Färbung vornehmen. Dazu das Färbegut 12 Stunden lang in der Flotte lassen, dabei unbedingt regelmäßig umrühren.
5 Wenn die Flotte abgekühlt ist, das Färbegut herausnehmen und auswringen. Im Schatten trocknen lassen. Zum Schluss unter Beachtung der üblichen Vorsichtsmaßnahmen auswaschen (siehe »Waschen«, Seite 58).

IM SCHATTEN VON WALD UND GEHÖLZEN, BÄUMEN UND STRÄUCHERN

Was würden wir nur ohne Bäume tun? Sie »zu betrachten erfüllt mein Herz mit Liebe«, schrieb Victor Hugo in seinem wunderbaren Gedicht »An die Bäume« (Aux arbres). Eine Empfindung, die sich offenbar leider nicht genügend verbreitet hat.

Wenn man heute von Bäumen spricht, bleibt dabei wenig Raum für die Poesie. Stattdessen hören wir die drängenden Aufrufe der Wissenschaftler: Kampf gegen die Abholzung der Wälder, Erhalt von Bäumen und Hecken, um die Folgen des Klimawandels abzumildern, Schutz der Ökosysteme …

Ich kann Sie also nur dazu ermuntern, Bäume zu säen und zu pflanzen, wo Sie nur können. Wenn Sie zum Färben geeignete Arten wählen, und davon gibt es viele, leisten Sie damit einen Beitrag zum Erhalt der so wichtigen Artenvielfalt.

Laub verschiedener Bäume

Birke, Walnussbaum

Betula pendula, Juglans regia

- **Verwendete Teile der Pflanze:** Blätter
- **Erntezeitpunkt:** Frühjahr bis Spätsommer
- **Empfohlene Menge:** bei Frischpflanzen mindestens 400 % des Trockengewichts des Färbeguts, bei getrockneten Pflanzen 100–200 %.
- **Farbpalette:** Gelbtöne
- **Geeignete Fasern und Beizmittel:** Leuchtende Gelbtöne erhalten Sie am besten auf tierischen Fasern, die mit Symplocos vorgebeizt wurden.

- Zum Färben geeignetes Laub von Bäumen ist sehr leicht zu beschaffen. Es lässt sich in großen Mengen pflücken und anschließend gut trocknen, sodass man es später zerbröseln kann.
- Die Blätter der meisten Bäume sind reich an Flavonoiden. Je nach Art ist der Farbstoffgehalt unterschiedlich hoch. Da die chemische Zusammensetzung des Laubs sich im Laufe des Jahres verändert, fallen die Färbungen von im Frühjahr und im Spätsommer gepflückten Blättern unterschiedlich aus. Experimentieren Sie einfach mit den Bäumen und Sträuchern, die in Ihrer Umgebung wachsen: Linde, Holunder, Esche, Eiche, Kastanie … Mit jung geernteten Feigenblättern kann man ein schönes Zartgrün erzielen.
- Hier ein Tipp, wie Sie gerbstoffreiche Blätter erkennen können: Beobachten Sie die Herbstfärbung. Orangegelb verfärbtes Laub ist ein Hinweis auf Flavonoide, die sichtbar werden, nachdem das Chlorophyll aufgrund der abnehmenden Helligkeit verschwunden ist.
- Manche Blätter sind auch reich an mehr oder weniger farbigen Gerbstoffen und können für dunklere Farben sorgen. So habe ich mit den Blättern des Judasbaums ein hübsches Goldbraun (Bernstein) erhalten.
- Der Walnussbaum ist vom Laub über die Rinde bis zu den Früchten eine wahre »Farbstofffabrik«: Rinde und Früchte ergeben dank der Verbindung von Gerbstoffen und Juglon ein beständiges Braun, und das ohne Vorbeizen. Die Blätter enthalten Flavonoide wie Quercetin, das für gelbe Farbtöne sorgt.
- Die bereits erwähnte Birke ist eine Art Multifunktions-Färberpflanze. Für Wolle dient sie als Beizpflanze (siehe Seite 37), doch sie enthält auch Direktfarbstoffe (siehe »Glossar«, Seite 175). Mit den Blättern kann man auf Wolle schöne, kräftige Gelbtöne erzielen.

REZEPT

Schritt 1: Auskochen

1 Die sehr klein geschnittenen Blätter in einen Topf geben. Mit Wasser gut bedecken und über Nacht durchziehen lassen.
2 Allmählich bis zum Köcheln (85 bis 90 °C) erhitzen. Bei dieser Temperatur je nach Pflanzenmenge 20 bis 60 Minuten köcheln lassen.
3 Die Hitzezufuhr ausschalten. Die Abkochung abkühlen lassen und durch ein Passiertuch filtrieren. Den Sud auffangen.

Schritt 2: Färben

1 Den Sud in einen ausreichend großen Topf gießen, in dem das Färbegut locker Platz hat.
2 Mit Wasser bis zu einem Verhältnis von etwa 1:20 verdünnen (siehe »Das Wasser«, Seite 26). Den pH-Wert der Färbeflotte kontrollieren. Für einen pH-Wert von 7 bis 8 bei Bedarf etwas Natron hinzufügen.
3 Das zuvor (bei Bedarf) gebeizte, angefeuchtete und ausgewrungene Färbegut hineingeben. Darauf achten, dass das Färbegut ganz untergetaucht ist.
4 Ganz allmählich auf 85 bis 90 °C erhitzen. Bei dieser Temperatur mindestens 20 und bis zu 60 Minuten köcheln lassen.
Regelmäßig (etwa alle 10 Minuten) behutsam umrühren. Die Hitzezufuhr ausschalten und die Färbeflotte abkühlen lassen.
Bei Seide können Sie auch eine Kaltfärbung oder lauwarme Färbung vornehmen. Dazu das Färbegut 12 Stunden lang in der Flotte lassen, dabei unbedingt regelmäßig umrühren.
5 Wenn die Flotte abgekühlt ist, das Färbegut herausnehmen und auswringen. Im Schatten trocknen lassen. Zum Schluss unter Beachtung der üblichen Vorsichtsmaßnahmen auswaschen (siehe »Waschen«, Seite 58).

Birke

Auch »Baum der Weisheit« genannt

Betula pendula

- **Verwendete Teile der Pflanze:** Rinde
- **Erntezeitpunkt:** ganzjährig
- **Empfohlene Menge:** mindestens 100 % des Trockengewichts des Färbeguts
- **Farbpalette:** Rosatöne
- **Geeignete Fasern und Beizmittel:** für tierische und pflanzliche Fasern gleichermaßen geeignet. Beizen ist nicht notwendig.

- Die Birke, ein Baum aus der Familie der Birkengewächse (*Betulaceae*), wächst in meiner Umgebung wild. Sie ist eine typische Pionierpflanze, die beispielsweise nach Kahlschlägen von Nadelbaumforsten die entstandenen Freiflächen besiedelt. Sie liebt frische, saure Böden und wächst rasch.
- Man erkennt sie leicht an der weißen Rinde älterer Exemplare und an den kleinen, gesägten Blättern.
- Die Birke ist in ganz Europa verbreitet. Sie wird auf vielfältige Weise genutzt. Das Birkenholz wird zur Herstellung von Werkzeugen, Möbeln und kleineren Objekten verwendet.
- Bekannt ist die Birke eher als wertvolle Heilpflanze, etwa für den berühmten Birkensaft. Da sie vor allem bei einer Ernte im Frühjahr reich an Spurenelementen und Polyphenolen ist, wird sie generell zur Entschlackung und Entgiftung des Körpers eingesetzt.
- Die Rinde hingegen hat einen hohen Gehalt an farbigen Gerbstoffen. Diese sind für die hübschen Rosafärbungen textiler Fasern verantwortlich.

REZEPT

Schritt 1: Auskochen

1 Die zerbröselte oder pulverisierte Rinde in einen Topf geben. Mit Wasser gut bedecken und über Nacht durchziehen lassen.
2 Allmählich bis zum Köcheln (85 bis 90 °C) erhitzen. Während des Erhitzens Natron hinzufügen, um einen pH-Wert von 8 zu erhalten. Der Sud verfärbt sich rosa. Bei 85 bis 90 °C mindestens 45 und bis zu 60 Minuten, je nach Pflanzenmenge auch bis zu 90 Minuten, köcheln lassen. Bei Bedarf verdunstetes Wasser nachfüllen, damit das Pflanzenmaterial gut bedeckt bleibt.
3 Die Hitzezufuhr ausschalten. Die Abkochung abkühlen lassen und durch ein Passiertuch filtrieren. Den Sud auffangen.
Für eine höhere Farbstoffkonzentration können Sie mit dem im Passiertuch zurückbehaltenen Pflanzenmaterial einen zweiten Absud zubereiten, abseihen und zum ersten Absud geben.
Den so erhaltenen Absud über Nacht durchziehen lassen.

Schritt 2: Färben

1 Den Sud in einen ausreichend großen Topf gießen, in dem das Färbegut locker Platz hat.
2 Mit Wasser bis zu einem Verhältnis von etwa 1:20 verdünnen (siehe »Das Wasser«, Seite 26). Den pH-Wert der Färbeflotte kontrollieren; er muss zwischen 7 und 8 liegen. Bei Bedarf etwas Natron hinzufügen.
3 Das zuvor angefeuchtete und ausgewrungene Färbegut hineingeben. Darauf achten, dass das Färbegut ganz untergetaucht ist.
4 Ganz allmählich zum Kochen bringen. Etwa 30 bis 60 Minuten kochen lassen; dabei zwischendurch heißes Wasser nachfüllen, damit das Färbegut stets gut bedeckt ist.
Regelmäßig (etwa alle 10 Minuten) behutsam umrühren. Die Hitzezufuhr ausschalten und die Färbeflotte abkühlen lassen.
Bei Seide können Sie auch eine Kaltfärbung oder lauwarme Färbung vornehmen. Dazu das Färbegut 12 Stunden lang in der Flotte lassen, dabei unbedingt regelmäßig umrühren.
5 Wenn die Flotte abgekühlt ist, das Färbegut herausnehmen und auswringen. Im Schatten trocknen lassen. Zum Schluss unter Beachtung der üblichen Vorsichtsmaßnahmen auswaschen (siehe »Waschen«, Seite 58).

Faulbaum

Frangula alnus

- **Verwendete Teile der Pflanze:** Rinde
- **Erntezeitpunkt:** Frühjahr
- **Empfohlene Menge:** mindestens 100 % des Trockengewichts des Färbeguts
- **Farbpalette:** goldgelbe Nuancen
- **Geeignete Fasern und Beizmittel:** besser für tierische Fasern geeignet, mit beliebiger Beize.

- Der Faulbaum gehört zur Familie der Kreuzdorngewächse (Rhamnaceae) und ist ein wild wachsender Strauch, der im feuchten Unterholz, auf Lichtungen und in Mooren wächst. Er bevorzugt schwere, kalkhaltige Böden. Abgesehen vom Mittelmeerraum ist er in ganz Europa verbreitet. Im Frühjahr trägt er hübsche, kleine weiße Blüten, die sehr attraktiv für Wildbienen sind. Seine Früchte, kleine Beeren, die zunächst grün, dann rot und später schwarz sind, werden von Vögeln geschätzt.
- Bei den Färbern ist der Faulbaum gut bekannt. Der französische Botaniker Louis-Alexandre Dambourney (siehe Seite 39) experimentierte im 18. Jahrhundert erfolgreich mit dieser Färberpflanze und verwendete dazu zuerst die grünen, später die reifen Beeren. Mit Ersteren erhielt er kräftige Gelbtöne, besonders zufrieden war er jedoch mit dem Blauviolett, welches er mit den reifen Beeren erzielte.
- Da der Faulbaum in meiner Umgebung nicht wild wächst, konnte ich dies leider nicht ausprobieren. Mit der Rinde konnte ich hingegen färben. Da sie in der Pflanzenheilkunde als Abführmittel eingesetzt wird, ist sie in Apotheken oder im Kräuterhandel leicht erhältlich.
- Falls der Faulbaum in Ihrer Umgebung wächst, können Sie im März bis April die Rinde junger Stämme ernten. Sie kann frisch oder getrocknet verwendet werden. Mit getrockneter Rinde erhält man kräftigere Farbtöne.
- Da die Rinde gelbe und rötliche Farbstoffe enthält, kann man mit ihr hübsche goldgelbe Nuancen färben.
- Mit dem Kreuzdorn, einem Strauch, der auf kalkhaltigen Böden in fast ganz Europa vorkommt und oft mit dem Faulbaum verwechselt wird, kann man ähnliche Farbtöne erzielen.

REZEPT

Schritt 1: Auskochen

1 Die zerbröselte oder pulverisierte Rinde in einen Topf geben. Mit Wasser gut bedecken und über Nacht durchziehen lassen.
2 Allmählich bis zum Köcheln (85 bis 90 °C) erhitzen. Während des Erhitzens Zitronensaft hinzufügen, um einen pH-Wert von 4 zu erhalten. Bei 85 bis 90 °C je nach Pflanzenmenge mindestens 30 und bis zu 60 Minuten köcheln lassen. Bei Bedarf verdunstetes Wasser nachfüllen, damit das Pflanzenmaterial gut bedeckt bleibt.
3 Die Hitzezufuhr ausschalten. Die Abkochung abkühlen lassen und durch ein Passiertuch filtrieren. Den Sud auffangen.
Für eine höhere Farbstoffkonzentration können Sie mit dem im Passiertuch zurückbehaltenen Pflanzenmaterial einen zweiten Absud zubereiten, abseihen und zum ersten Absud geben.

Schritt 2: Färben

1 Den Sud in einen ausreichend großen Topf gießen, in dem das Färbegut locker Platz hat.
2 Mit Wasser bis zu einem Verhältnis von etwa 1:20 verdünnen (siehe »Das Wasser«, Seite 26). Den pH-Wert der Färbeflotte kontrollieren; er muss etwa zwischen 4 und 5 liegen. Bei Bedarf etwas Zitronensaft hinzufügen.
3 Das zuvor gebeizte, angefeuchtete und ausgewrungene Färbegut hineingeben. Darauf achten, dass das Färbegut ganz untergetaucht ist.
4 Ganz allmählich zum Kochen bringen. Etwa 30 bis 60 Minuten kochen lassen; dabei zwischendurch heißes Wasser nachfüllen, damit das Färbegut stets gut bedeckt ist.
Regelmäßig (etwa alle 10 Minuten) behutsam umrühren. Die Hitzezufuhr ausschalten und die Färbeflotte abkühlen lassen.
Bei Seide können Sie auch eine Kaltfärbung oder lauwarme Färbung vornehmen. Dazu das Färbegut 12 Stunden lang in der Flotte lassen, dabei unbedingt regelmäßig umrühren.
5 Wenn die Flotte abgekühlt ist, das Färbegut herausnehmen und auswringen. Im Schatten trocknen lassen. Zum Schluss unter Beachtung der üblichen Vorsichtsmaßnahmen auswaschen (siehe »Waschen«, Seite 58).

Losbaum

Japanischer oder Chinesischer Losbaum

Clerodendrum trichotomum

- **Verwendete Teile der Pflanze:** frische Beeren
- **Erntezeitpunkt:** Spätsommer, Frühherbst
- **Empfohlene Menge:** 100 % des Trockengewichts des Färbeguts, für kräftigere Farben mehr
- **Farbpalette:** blau
- **Geeignete Fasern und Beizmittel:** geeignet für tierische und pflanzliche Fasern. Sehr gute Ergebnisse auf Seide. Beizen ist nicht notwendig.

- Der Losbaum oder Schicksalsbaum, auch Priesterbaum genannt, ist ein aus Ostasien stammender Strauch. In China und Japan ist er sehr verbreitet, auch in Indien, wo er als Heilpflanze gilt. Seine Blätter werden aufgrund ihrer entzündungshemmenden und antihistaminischen Wirkung eingesetzt. Früher wurde er als heilige Pflanze angesehen und von den Priestern Ceylons bei ihren Zeremonien verwendet.
- Im 19. Jahrhundert wurde er von dem Arzt und Botaniker Philipp Franz Siebold nach Europa gebracht und schmückt heute Gärten und Parks als Zierpflanze. Mit seinem leichten Schatten und den zarten rosa Blüten, deren lieblicher, jasminähnlicher Duft Bienen und Schmetterlinge anlockt, bringt er einen Hauch von Romantik in den Garten. Im Spätsommer überrascht er uns mit kleinen türkisblauen Beeren, die sich in der Mitte der dunkelroten Kelche bilden. Blaue Perlen, die sehr dekorativ sind – doch nicht nur das.
- Laut japanischen Studien enthalten die reifen Beeren einen Farbstoff aus der Gruppe der Indigoiden (Indigofarbstoffe), das Trichotomin, das im Gegensatz zum Indigo wasserlöslich ist, solange die Beeren frisch sind. Dadurch wird der Strauch für die Färberei natürlich besonders interessant.
- Vor einigen Jahren habe ich im Garten einen Losbaum gepflanzt. Er liebt geschützte sonnige oder halbschattige Standorte und durchlässigen, nährstoffreichen und frischen Boden. Ist er einmal gut angewachsen, lässt er sich im Garten leicht vermehren.
- Wenn sich gegen Ende der Blütezeit die Beeren bilden, passe ich gut auf: Die Vögel sind ganz wild auf diese Früchte. Es gilt den Zeitpunkt abzupassen, an dem man möglichst viele reife Beeren auf einmal ernten und direkt damit färben kann. Damit die Beeren ihre zum Färben unbedingt notwendige Frische behalten, können Sie sie auch einfrieren.

REZEPT

Schritt 1: Auskochen

1 Die Beeren in einen Topf geben und mit Wasser gut bedecken.
2 Allmählich bis zum Köcheln (85 bis 90 °C) erhitzen. Während des Erhitzens die Beeren mit einer Gabel oder einem Kartoffelstampfer zerdrücken, um möglichst viele Farbstoffe freizusetzen.
3 Bei 85 bis 90 °C je nach Pflanzenmenge 5 bis 20 Minuten köcheln lassen. Der Sud verfärbt sich blau, die Schale der Beeren hingegen verblasst.
4 Die Hitzezufuhr ausschalten. Die Abkochung abkühlen lassen und durch ein Passiertuch filtrieren. Den Sud auffangen.

Schritt 2: Färben

1 Den Sud in einen ausreichend großen Topf gießen, in dem das Färbegut locker Platz hat.
2 Mit Wasser bis zu einem Verhältnis von etwa 1:20 verdünnen (siehe »Das Wasser«, Seite 26).
3 Das zuvor angefeuchtete und ausgewrungene Färbegut hineingeben. Darauf achten, dass das Färbegut ganz untergetaucht ist.
4 Ganz allmählich auf 80 °C erhitzen und bei dieser Temperatur mindestens 20 Minuten köcheln lassen. Regelmäßig (etwa alle 10 Minuten) behutsam umrühren.
5 Das Färben ist abgeschlossen, wenn der Farbsud seine blaue Farbe verloren hat. Dies bedeutet, dass die Farbstoffe vollständig von den Fasern aufgenommen wurden. Die Hitzezufuhr ausschalten und die Färbeflotte abkühlen lassen.
Bei Seide können Sie auch eine Kaltfärbung oder lauwarme Färbung vornehmen. Dazu das Färbegut 12 Stunden lang in der Flotte lassen, dabei unbedingt regelmäßig umrühren.
6 Wenn die Flotte abgekühlt ist, das mehr oder weniger intensiv himmelblaue Färbegut herausnehmen und auswringen. Im Schatten trocknen lassen. Zum Schluss unter Beachtung der üblichen Vorsichtsmaßnahmen auswaschen (siehe »Waschen«, Seite 58).

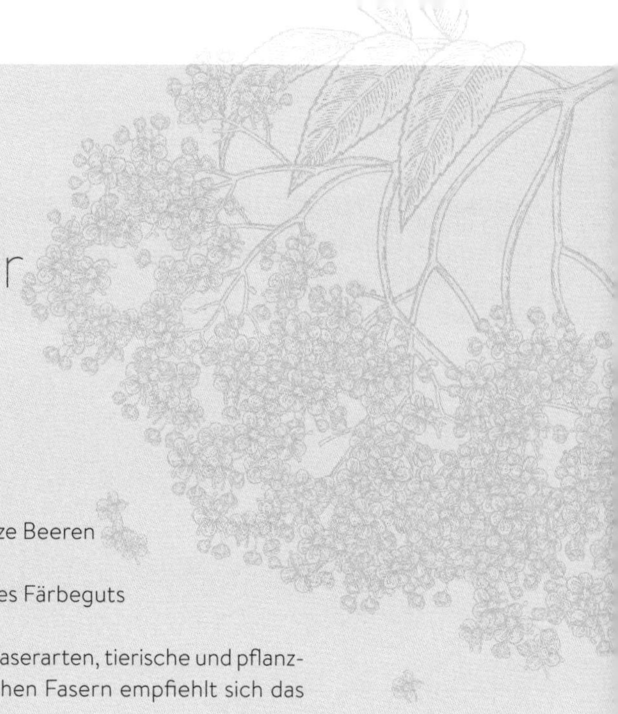

Schwarzer Holunder

Sambucus nigra

- **Verwendete Teile der Pflanze:** frische, ganz schwarze Beeren
- **Erntezeitpunkt:** Spätsommer
- **Empfohlene Menge:** 400 % des Trockengewichts des Färbeguts
- **Farbpalette:** bläuliches Rosa, blau
- **Geeignete Fasern und Beizmittel:** geeignet für alle Faserarten, tierische und pflanzliche Fasern, mit beliebigem Beizmittel. Bei tierischen Fasern empfiehlt sich das Beizen mit Rote-Bete-Blättern.

- Der Schwarze Holunder gehört zur Familie der Moschuskrautgewächse (*Adoxaceae*) und ist in Mitteleuropa auf dem Land sehr verbreitet. Wild wächst er in Hecken, am Waldrand und oft an ganz unerwarteten Stellen. Besonders wohl fühlt er sich in den Ruinen alter Steinhäuser.
- Der Schwarze Holunder ist zu unterscheiden vom Zwergholunder oder Attich (*Sambucus ebulus*), dessen Beeren giftig sind. Er ist im Gegensatz zum Schwarzen Holunder kein Gehölz, sondern eine kleinere krautige Pflanze ohne Holz und Stamm.
- Der Schwarze Holunder lässt sich ganz leicht im Garten ansiedeln. Die Vermehrung funktioniert im Winter ganz leicht durch Steckhölzer von jungen Trieben, im Frühsommer durch halbreife Stecklinge.
- Im Garten bietet er sowohl Blattläusen als auch Amseln Unterschlupf. Der starke Duft seiner Blätter hält Mäuse fern. Das in den Blättern enthaltene Purin kann zur Bekämpfung von Mehltau auf Rosen genutzt werden.
- Früher war es Brauch, einen Holunder dicht am Haus zu pflanzen. Er galt als Schutzbaum und »Hausapotheke«. Alle Teile der Pflanze haben Heilkräfte. Die Beeren sind reich an Antioxidantien und wirken dank ihres hohen Gehalts an Anthocyanen entzündungshemmend.
- Genau diese Anthocyane interessieren uns beim Färben. Die Verwendung von Holunderbeeren zum Färben ist übrigens schon lange gebräuchlich: Im 18. Jahrhundert färbte man so mit Alaun gebeizte Wolle graubraun; die Färbung galt als sehr haltbar. Da die Beeren gerbstoffreich sind, kann man mit ihnen auf Leinen, das zuvor in Eisenessig gelegt wurde, lavendelblaue Farbtöne erzielen.
- Die Anthocyane sind sehr pH-empfindliche Farbstoffe (siehe Seite 22). Daher ist es nicht so einfach, das Lilarot des Holundersaftes auf Textilfasern zu bannen. Hinsichtlich der Haltbarkeit der Färbung erzielt man nach meiner Erfahrung durch Solarfärbung von Wolle, die mit Rote-Bete-Blättern gebeizt wurde, zufriedenstellende Ergebnisse.

Schritt 1: Herstellung des Extraktes

1 Die Beeren in ein dicht schließendes Gefäß (Eimer oder großes Glas mit Deckel) füllen. Mit Regenwasser gut bedecken und etwas Tafelessig hinzufügen, um einen pH-Wert um 4 bis 5 zu erreichen.
2 Das Gefäß verschließen und in die Sonne stellen, am besten auf oder vor eine Steinmauer. Bei großer Sommerhitze die Temperatur der Flüssigkeit kontrollieren: Sie darf nicht über 60 °C steigen.
3 Nun das Glas oder Gefäß für ein paar Tage vergessen: mindestens zwei oder drei Tage und bis zu einen Monat – es gibt dabei wirklich keine Regeln. Alles hängt vom Wetter ab. Kontrollieren Sie die Farbe des Extraktes: Wenn es eine schöne rote Farbe angenommen hat, können Sie den Prozess des Extrahierens als beendet betrachten.
4 Den Extrakt durch ein Sieb mit einem Passiertuch filtrieren. Für eine höhere Farbstoffkonzentration die im Tuch verbliebenen Beeren mit einem Stößel, einem Kartoffelstampfer oder Ähnlichem zerdrücken und den gewonnenen Saft zum Extrakt geben. Den Extrakt aufbewahren.

Schritt 2: Färben

1 Den Extrakt in ein dicht schließendes Gefäß (Eimer oder großes Glas mit Deckel) gießen, in dem das Färbegut locker Platz hat.
2 Das zuvor mit Rote-Bete-Blättern gebeizte, angefeuchtete und ausgewrungene Färbegut hineingeben. Bei Bedarf mit Regenwasser auffüllen, sodass das Färbegut ganz untergetaucht ist. Das Gefäß verschließen.
3 Das Gefäß in die Sonne stellen. Regelmäßig die Temperatur kontrollieren, die nicht über 60 °C steigen darf. Alle zwei bis drei Tage umrühren, um eine gleichmäßige Färbung zu erhalten. Das Färben kann als abgeschlossen gelten, sobald der gewünschte Farbton erreicht ist.
4 Das Färbegut herausnehmen, auswringen und im Schatten trocknen lassen. Zum Schluss können Sie es in weichem Wasser auswaschen, dem Sie etwas Zitronensaft zugesetzt haben. So bleibt das leuchtende Rotviolett am besten erhalten.

GLOSSAR

Auskochen
Pflanzen in Wasser legen und alles zum Kochen bringen.

Beizen
Eine Textilfaser mit einem Beizmittel tränken. Dies ermöglicht das Anhaften der Farbstoffe an der Faser, sodass die Färbung haltbar wird.

Beständigkeit (Farben)
Eine Farbe wird beständig genannt, wenn Sie licht- und UV-echt, waschecht, reibecht und pH-resistent ist. Die Beständigkeit einer Farbe kann man im Labor testen lassen. Die Ergebnisse werden in der Regel auf einer Skala von 1 bis 8 (der sogenannten 8er-Skala oder Wollskala) eingeordnet. Früher sprach man hier von echten und unechten Farben.

Farbstoff
Farbstoffe sind wasserlöslich. Die meisten Färberpflanzen enthalten Farbstoffe, die man in der Regel durch Auskochen extrahiert.

Fermentieren
Pflanzen in einem dicht schießenden Gefäß in Wasser einlegen (in der Regel in saures Wasser) und für längere Zeit stehen lassen. Die enthaltenen Bakterien »verdauen« das Pflanzenmaterial.

Gallieren
Einen Stoff oder Textilfasern in ein gerbstoffhaltiges Bad legen, in der Regel in einen Galläpfelauszug.

Gerbstoffe (Tannine)
Chemische Stoffe, die in der Pflanzenwelt sehr häufig vorkommen. Sie können sich sowohl mit Proteinen als auch mit Metallen verbinden. Man unterscheidet hydrolisierbare Gerbstoffe (Gallotannine und Ellagitannine), die in der Regel wenige Farbstoffe enthalten, und kondensierte Gerbstoffe, die auch Proanthocyanide genannt werden. Mit Letzteren kann man rotbraune Farbtöne erzielen.

Hilfsstoffe (Inputs)
In der Landwirtschaft verwendeter Begriff zur Bezeichnung von Produkten, mit denen die Kulturen behandelt werden, etwa Dünger, Pestizide und allgemein alle Pflanzenschutzmittel.

Köcheln
Zum Köcheln bringen: Auf 85 bis 90 °C erhitzen.

Mazeration
Pflanzen in kaltem oder lauwarmem Wasser einweichen.

Mulesing
Eine in Australien angewendete Technik, bei der man Lämmern ohne Betäubung die Hautlappen im Afterbereich abschneidet, um Parasitenbefall zu vermeiden. Zahlreiche Tierschutzorganisationen laufen Sturm gegen diese als Tierquälerei angesehene Praxis. Das Label RWS (Responsible Wool Standard) garantiert mulesingfreie Wolle.

pH-Wert
pH bedeutet »Potenzial des Wasserstoffs« (*potentia hydrogenii*). Mithilfe des pH-Werts kann man bestimmen, ob eine Lösung (etwa eine Abkochung oder eine Färbeflotte) sauer oder basisch ist. Je höher die Ziffer ist (über 7), desto basischer ist die Lösung. Umgekehrt gilt: Je niedriger die Ziffer ist (unter 7), desto saurer ist die Lösung.

Pigment
Pigmente sind wasserunlöslich. Indigopflanzen enthalten ein Pigment. Mit dem Verfahren der Indigoküpe kann das Indigopigment löslich gemacht werden.

Pionierpflanze
Bezeichnung für Pflanzen, die als Erste vegetationslose Freiflächen besiedeln können. Sie bereiten sozusagen den Boden vor, sodass anschließend eine größere Artenvielfalt auf der Fläche entstehen kann.

Substantive Farbstoffe (Direktfarbstoffe)
In Färberpflanzen enthaltene Farbstoffe, die sich direkt mit der Faser verbinden, ohne dass vorheriges Beizen notwendig ist. Ihnen gegenüber stehen die additiven Farbstoffe, die zum Färben, also zum Verbinden mit der Faser, eine Beize benötigen.

Superwash (Wolle)
Eine spezielle chemische Behandlung, die bewirkt, dass Wolle beim Waschen nicht einläuft oder verfilzt.

Uni (unifarben)
Mit diesem Begriff bezeichnet man Textilien und Fasern, die nur eine Farbe beziehungsweise einen gleichmäßigen einheitlichen Farbton aufweisen.

DANK

An Magali Bontoux und Michel Garcia für ihre Großzügigkeit und Professionalität. Bei ihnen habe ich viel gelernt und meinen eigenen Weg gefunden.
An Anne Serroy, die mich davon überzeugen konnte, dieses Buch zu wagen, und die mich während dieses gesamten wunderbaren Abenteuers begleitet hat.
An Marie Baumann für all ihr Vertrauen. Sie hat an meine Arbeit als Pflanzenfärberin und Fotografin geglaubt. Ohne sie wäre dieses Buch nicht möglich gewesen.
An das gesamte Team von Hoëbeke, Louise, Fanny, für die anregende und bereichernde Zusammenarbeit.
An Aliénor für ihr Wissen über die milchsaure Vergärung, das mir ermöglicht hat, mit der Farbe von Roter Bete zu experimentieren.
An Laura von Fleurs du Brionnais, an Coraline und Romain von Terre Nouvelle und an die Ferme des Herbes Folles, die mir freundlicherweise die Türen ihrer Höfe geöffnet haben, damit ich hier und da einige Pflanzen sammeln konnte.
An alle, die meine Arbeit seit einigen Jahren treu verfolgen. Ihre Unterstützung und zahlreichen Kommentare haben mich darin bestärkt, auf meinem eingeschlagenen Weg weiterzugehen. Ohne sie wäre ich gar nicht auf die Idee gekommen, dieses Buch zu machen.
An Jeanne, Charles und Jean, die Farben meines Lebens.
An Pearly, meinen Hund, der mich beim Pflanzensammeln stets treu begleitet.

Erstmals erschienen unter dem Titel »Teinture Sauvage « bei Gallimard, collection Hoëbeke

Text und Fotografie: Céline Philippe
Übersetzung aus dem Französischen: Katrin Marburger
Cover: Danai Afrati
Layout: marguerite.coop
Projektleitung und Lektorat: Stefanie Klapetek
Satz: Danai Afrati
Gedruckt bei Balto print, Litauen

ISBN 978-3-8307-2150-5

Bibliografische Information der Deutschen Nationalbibliothek:
Die Deutsche Nationalbibliothek verzeichnet diese Publikation in der Deutschen Nationalbibliografie; detaillierte bibliografische Daten sind im Internet über http://dnb.dnb.de abrufbar.